管理職能

Management Competency 實務

超過1,500場次
輔導培訓實戰經驗

經研究顯示，發展「管理職能」必將有效降低員工流動率、提升顧客滿意度，以及增加企業獲利能力。本書是由皇牌名師 石博仁超過1,500場次輔導與授課實戰經驗，發展出「管理職能」模組的四部8章，其中，一天的授課精華內容編寫成1章，是主管人員必備的管理工具書。

本書擺脫了理論教條、廢話連篇、言不及義，以及濫竽充數的文字篇幅，完全直指「管理職能」的核心與要領，尤其是文中的「圖表」呈現，能讓讀者簡易、迅速與有效地實踐在工作上。

如果你是企業主、主管人員、專案經理人、儲備幹部、有志成為主管、展開職場的新鮮人，或是大專院校師生等，這本書是為你所寫的。

皇牌名師　石博仁◎著
育群創企管顧問◎策劃

作者　石博仁簡介

　　現任育群創企管顧問（股）公司總經理，以及多家企業策略與績效顧問／講師。曾任職於服務業、製造業、高科技業，從基層做起，歷經專員、副理、代理副總、總經理等管理職位，以及哈佛商學院出版品（HBSP）企業數位學習菁英講師（認證）。

　　石老師的授課「幽默風趣」，手法生動活潑，「簡單易懂」的清晰表達，與學員互動不斷，激發學習意願，提升學員參與投入。再者，豐富的顧問輔導經驗結合實務案例的深度剖析，課程內容兼具「系統結構」與「條理分明」，引導學員深入思考，即時演練、即時回饋，精闢準確的見解，現學現用，即刻上手，為各企業經常指定的外聘講師。

　　在管理顧問與培訓講師領域，輔導與授課超過1,500場次實戰經驗，主要代表實績：

1. 科技&製造業

宏碁電腦（Acer）、廣達電腦、仁寶電腦、士林電機、日月光半導體、南亞科技、瑞晶電子、茂德科技、台揚科技、泰林科技、錸德科技、鈺德科技、一詮精密、中國砂輪、鼎元光電、聯相光電、太陽光電能源科技、智邦科技、漢民系統、大同世界科技、友訊科技（D-Link）、明泰科技、譁裕實業、東碩資訊、力銘科技、宇瞻科技、驊陞科技、資拓科技、台灣東電化（TDK）、旭硝子顯示玻璃、歐旻集團、中化生醫科技、積

智日通卡、律勝科技、頂晶科技、欣相光電、飛虹積體電路、光寶科技、建興電子、達方電子、鑫材科技、達信科技、笙泉科技、光環科技、聯嘉光電、整技科技、宣茂科技、台宙科技、誠泰科技、台灣橫河、清展科技、君牧塑膠科技、雙模國際、和大工業、中化製藥、亞翔工程、燁輝鋼鐵、燁茂鋼鐵、繼茂橡膠、東碩資訊、凱撒衛浴、勝霖藥品、安成藥業、嘉信遊艇、莊宏億軸承、高成建設、冠億齒輪、雄雞企業、不二家糕餅、奉珊工業、錦德企業、成貫企業、巴堂蛋糕、家鄉食品等。

2. 科技&服務業

信義房屋、國泰世華銀行、兆豐金控、國泰人壽、三商人壽、中華電信、大榮貨運、柏泓媒體、媚登峰集團、曼都國際、快樂麗康集團、義大醫院、新樓醫院、哈佛健診、佑全連鎖藥局、佑康連鎖藥局、日商倍樂生（巧連智）、世紀沙龍連鎖、吉恩立數位科技、環球購物中心、言瑞租賃、長行行銷、鴻利全球、捌零捌陸電訊、燦紘貿易、立保保全、宏倫保全、日月知識、柯達大飯店、西華餐廳、特香齋西餐廳、東海漁村餐廳、凱恩斯餐廳、Mr. Stone餐廳、浪漫一生餐廳、大興出版、高感流行服飾、舒博運動用品、佳園幼稚園、明園幼稚園等。

感謝您的閱讀~歡迎專業交流~

E-mail:hr@ezdone.com.tw

hr.ezdone@msa.hinet.net

推薦序一

「專業經理人」的一帖妙方

　　當石老師請我寫這本書的序時，雖然直爽的答應，但是心裡卻一則以喜、一則以憂，喜的是石老師竟然會想到我這個又不是名人，也不是權貴，完全是名不見經傳的朋友共襄盛舉；憂的是不曉得要如何下筆，「管理」這門學問從古至今，不曉得出了多少大師，更不知出了多少書本，幾乎每一位專業經理人對「管理」都有其獨到的心得及見解，只要提到「管理」常常是引不起太多的注意，不曉得要如何寫才能襯托出這本書的特點，短短的序文寫了又改，改了又寫，希望不會辜負石老師的期望，也能讓讀者快速的體會本書的要點。

　　「人」是企業成功的最大關鍵，一家企業成功的基石是來自於「人」，一家企業的衰敗，也是因為人的關係。但是「人」卻是最複雜的動物，每個人都有其不同的成長背景，有其不同的思維及偏好，企業中如何在對的時機找到對的人，用在對的位置上，發揮各自的潛能，創造企業發光發亮的成長，就成為企業運作不可或缺的課題。俗話說的好：「三年可以出一個狀元，卻不一定出得一個好夥計。」眾人皆知，狀元是鳳毛麟角非常難得，但是要出一位好夥計卻比狀元難，對照於企業中要帶領出一群好

的團隊及員工，的確非常不容易，因為造就傑出的員工及團隊的因素很多，除了個人因素之外，就是主管的領導管理，相信很多主管一定心有戚戚焉。大部分的主管也了解管理很重要，尤其是每一個世代人員的想法會有很大的差異，如果管理的方式及技巧沒有隨著時代的改變而調整，則很難達到「帶人帶心」發揮員工潛能的境界。員工的潛能無法被發揮，在工作上只是應付了事，怎麼可能會成為「好夥計」，主管們難道不知道這個道理嗎？他們是知道的。然而，不是因為工作忙碌，就是找不到適切的、有效率的方法去學習。

大家都了解「管理」是一門科學，更是一門藝術，須經由長期的培養及學習，才能成為一位成熟傑出的專業經理人，但是要達成這樣的目標，如果沒有一套完整的方法，常會造成所學的都是片片斷斷，而無法快速的貫穿及累積最佳的本質學能，加上世代的文化交替及變化，常常感到力不從心，無法因應各項的變化，不僅造成專業經理人經常日以繼夜的加班工作，團隊的向心力也很難到預期的效果。

石老師用盡心思所寫出來的這本書，剛好提供「專業經理人」一帖妙方，以簡潔的架構來構建，本書共分成四部：第一部、主管智能；第二部、專注成果；第三部、人際互動；第四部、組職變革。

從第一部如何找到對的人，第二部如何有效發揮工作效能，第三部的績效導向部屬培育，到第四部的團隊領導策略運作，剛好切中目前專業經理管理職能的核心，協助專業經理人如何以最

實務、最有用的方法來發揮應盡的管理職能。本書的架構簡潔務實，加上石老師多年的實務教學經驗，如能善加運用並配合企業的組織文化及策略方針，必能發揮應有的效益，本書可說正好提供給專業經理人一場「久旱逢甘霖」的及時雨。有幸能事先拜讀，並且蒙邀寫序，在此謹以誠摯之心作了上述的心得，希望能推薦給讀者。

莊振家

前HP惠普科技公司
亞太區協銷產品事業部總經理

推薦序二

一本實務應用的管理手冊

　　主管人員是輔佐經營者最重要的企業參謀，某種程度來說，主管人員扮演著替代經營者大腦思考的角色功能，主導著企業所有重要的管理流程，包括策略規劃、資本預算、專案管理、雇用與升遷、訓練與發展、內部溝通、知識管理、定期業務檢討、績效評估與獎勵等。主管人員在以上這些管理流程所發揮的管理效能，將決定這家公司是否能持續享有長期的競爭優勢，所以管理職能的重要性不言可喻。

　　過去，許多主管人員的管理職能訓練，過於偏向純理論式的教學，例如學院式的MBA或EMBA管理教育，其中最大的問題就是缺乏管理職能的實務訓練，使得主管人員空有理論卻無法轉化成為最佳的管理實務，這是目前台灣管理職能教育訓練的最大盲點。

　　石老師多年來專注於管理職能的實務訓練，並將長年教學研究的精髓，以淺顯易懂、去蕪存菁的表達方式，撰著這本《管理職能實務——超過1,500場次輔導培訓實戰經驗》（*Management Competency*）的專書，本人作為企業高階主管，從企業管理的實務觀點出發，想指出的是管理是一門專業，當然需要專業理論，

但是徒有理論教育而欠缺實務訓練，理論不過是一堆教條罷了。在這個知識爆炸的21世紀，理論已經夠多了，非常樂見像石老師的實務專家，願意將多年管理職能訓練的實務know-how，大方地分享給台灣所有的主管人員。

另外，本書值得推薦的另一個原因是，石老師打破企業管理傳統的產銷人發財的理論分類架構，獨創以管理職能為中心，將主管人員所需的職能分類為智能導向的能力、事務導向的能力、人際導向的能力、團隊導向的能力等。所謂新分類帶來新洞察，我想石老師從實務應用的角度，洞察主管人員所需養成的管理職能，並提出管理實務應用與修練的方法，對於處於瞎子摸象的主管人員而言，的確是值得買來放在手邊隨時查索、應用、練習的管理手冊。

鄭啟川

創新企劃顧問有限公司總經理
TBSA台灣商務策劃協會理事長
WBSA世界商務策劃師聯合會台灣辦事處負責人

自 序

這是一本「一次輕鬆搞定管理職能」的書

　　經研究顯示，發展「管理職能」必將有效降低員工流動率、提升顧客滿意度，以及增加企業獲利能力。因此，績效大躍進的關鍵，在於掌握「管理職能」，但仔細了解，坊間談論「管理職能」的書籍並不多，而能以專業實務來探討的更是少之又少，於是在我的內心深處不斷地一直湧現，如有一本「簡易上手」的管理職能實務叢書，該有多麼美好啊！

　　很慶幸地，在奧妙的因緣際會下，於民國85年投入「管理職能」教育訓練領域的成長，一直以來，讓我個人與學員們皆能獲益良多。課後總有人會問我，「有沒有簡單實務的書」、「有沒有完整的管理工具書」、「什麼時候出書」……，於是在近一年來的時間，抽空構思規劃，除了將企業主管人員的管理實務運用，以及在課程中與學員間的提問解答外，並在我所認知與理解的範圍內，將其中一天的課程精華內容加以「畫龍點睛」整理編寫成一章，就這樣，這本書就問世了。

　　或許，你已經看過太多的管理叢書，是否也發現到，大部分的管理書籍是為了把全部的訊息與資料丟給讀者，以為這樣就可以將複雜事情變得清楚明白。但實際上，這種做法只有讓讀者更加迷惑而已，而且稀釋了傳達知識的核心價值，甚至到最後不知

　　如何去執行。因此，本書擺脫了理論教條、廢話連篇、言不及義，以及濫竽充數的文字篇幅，完全直指「管理職能」的核心要領與實務運用，尤其是文中「圖表」的呈現，更能讓讀者簡易、迅速且有效地實踐在工作上。所以，本書是主管人員必備的管理工具書，也是為企業主、主管人員、專案經理人、儲備幹部、有志成為主管、展開職場規劃的新鮮人，及大專院校師生等所寫的。

　　本書的主要目的，是幫助那些眼神閃耀著雄才大略，血液澎湃又充滿著熱情洋溢且身體力行著築夢踏實的人，能夠一次輕鬆搞定管理職能，並指引出從「優秀」走進「卓越」的康莊大道。如能讓讀者在職場的績效上加值，以及企業在升沉的樞紐上加分，我將萬分榮幸！

　　在本書整個編寫的過程中，引用和參考了諸多企業先進、企管顧問、學者專家以及課程學員的實戰精華，才能實現出版此書，個人由衷地深表感恩。由於，作者的學經歷有限，難免有些疏漏或不足之處，懇請惠賜指教。同時，更感謝前HP亞太區總經理莊振家與創新企劃顧問公司總經理鄭啟川等兩位先進的賜序，以及揚智文化同仁所做的努力，使得本書的潤飾倍加生色。本書版稅所得將全數捐贈兒童營養午餐與教育公益，作為深耕教育推廣之用。

　　接下來，你可以好好地享受，倘伴著柔和的燈光，悠遊在「一次輕鬆搞定管理職能」的樂趣中。

石博仁

CONTENTS

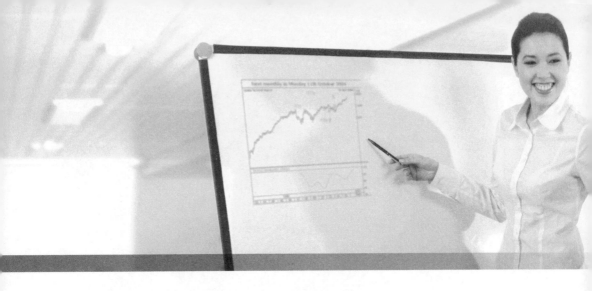

導論 打造致勝DNA

全爲企業加值請命

所謂「職能」，係指一個人所具有的潛在特質，而這些潛在特質是指該職務與績效表現具有因果相關的能力，也可以說是知識、態度、技能或其他行為的綜合展現。

其中，管理職能在人力資源上已經廣泛被運用在招募選才、接班人計劃、培訓發展與績效改進等，並且被視為人力資源發展的必備工具。主要的目的在於，找出哪些是導致管理工作上表現績效所需的能力，藉之協助組織或個人提升工作績效，以落實企業的整體發展與競爭優勢。

在《卓越領導》這本書的研究顯示，有效提升主管人員的管理職能能夠降低員工流動率36%，提升顧客滿意度39%，以及提升淨利89%（以上數據為排名前段20%管理才能，與排名中段60%管理才能的企業相對比較）。也就是說，有效提升主管人員的管理職能能夠增進員工滿意度，以及提升顧客滿意度，進而增加企業獲利能力。經美國相關資料研究顯示，發展管理職能將有效降低員工流動率、提升顧客滿意度與增加公司獲利能力。因此，本書所引用的管理職能，是依此系統化的因果關係所架構的，也就是「主管－員工－顧客－獲利」的因果關係鏈，最深層核心的是「提升主管人員的管理職能，必定是企業永續經營成長的關鍵領先因素」。

　　以上的觀點也與平衡計分卡（BSC）所重視的人力資本與組織資本（因應組織變革的時間表）的論述相近。隨著職能模型（competency model）的盛行，許多企業都會在績效評估中納入職能評估（comptencies assessment），或在學習成長面（learning & growth）中納入職能性的目標（例如：證照、訓練），以期強化員工的意願與職能，繼而提升內部流程的順暢、滿足顧客的需求以及增加股東投資報酬。

　　另外，蓋洛普公司在過去25年期間，針對遍布全球各國超過一百萬名各行各業的員工，提出「忠誠與績效」的問題。結果發現有才能的員工，可能因為富有魅力的領導人、福利制度或訓練計畫，而選擇進入一家公司，但是這位員工在這家公司任職的時間長短與能否充分發揮才能，全看員工與直屬主管之間的關係而定。從此我們發現，提升主管人員的管理職能更為重要了。

　　很慶幸有機會在1996年來，投入「管理職能」教育訓練領域的成長，超過1,500場次以上的輔導與培訓實戰經驗，讓我更深刻地體認企業的問題根源大部分出自於「人」，企業的策略夥伴以80／20法則來估算，核心人員莫過於主管人員了。再者，主管人員攸關承上啟下的職責、連結整合的功能，以及落實策略目標的有效執行等，為了賦予企業源源不絕的創造力和生命力，協助企業帶來永續經營與社會責任，這次以我畢生的心血編寫此書，全是為企業加值請命！

提升管理職能綜效

　　我們發現太多的企業在實施主管人員教育訓練時，當初沒有整體的管理職能的觀念與規劃，導致東學一塊、西學一塊，事經三、五年後發現併湊不起來，無法連結與整合，甚至有的顧問／講師的實務經驗不夠透澈，引導到錯誤的引導與做法，造成主管人員在實際運作上相當大的管理困擾。有心深耕教育訓練的企業必須花費更多的時間與成本，才能導正過來；訓練預算有限的企業則將主管訓練敬而遠之了。

　　以上這些現象將會挫折主管人員的學習意願，以及減損企業的競爭力。所以，筆者整理出「系統性」、「結構式」、「綜效性」的管理職能，協助主管人員一窺全貌，能夠輕鬆、簡易且快速地學習管理職能的實務作法。

　　在企業授課的經驗中，整理出「經營管理與績效管理」模組（如**圖一**）。

　　其中，「管理職能」是實現企業願景與策略目標的最大利器，全球常用的項目有：積極主動、問題解決能力、創新與實踐、促進學習成長、決斷自信、追求最佳表現、影響說服、鼓舞投入、顧客服務導向、發展他人與組織、團隊合作與領導、職能選才與面談、高效時間與會議、授權分配與排序、績效溝通與面談、領導激勵與培育、展現成就的決心、關注市場與環境、發展

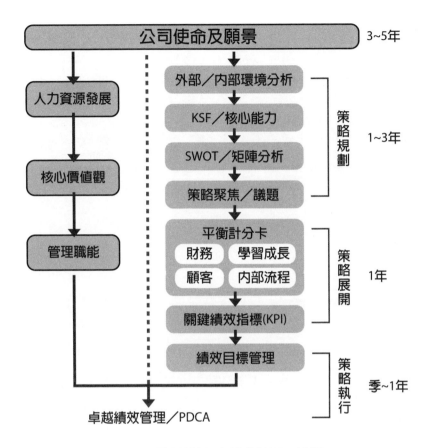

圖一 「經營管理與績效管理」模組

策略性觀點等。以上幾個項目之間,有的意義接近、有的定義不清、有的無法產出訓練成果等,所以,筆者整理出企業常用簡化且實務的項目,並且可付諸訓練成效,而發展出四大構面環環相扣的「管理職能」模組(如**圖二**)。

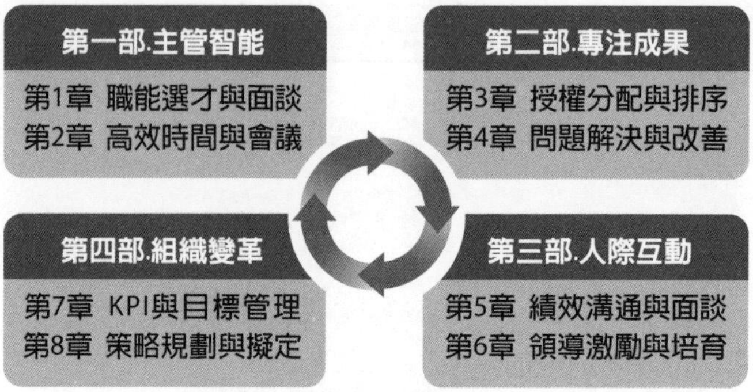

圖二　「管理職能」模組

　　本書依此模組分為四部8章，依序為讀者說明，以期能夠協助企業與主管人員實現願景與策略目標，並且能夠指引出從「優秀」走進「卓越」的康莊大道。

　　最後，勉勵曾走過冤枉路的讀者，不要再亂無章法的學習，學管理，讀這本書就對了！專注本書的八項管理職能，就能幫你一次輕鬆搞定，在這裡，「簡化實務」、「發揮綜效」的管理職能正等著你來一窺究竟！

PART 1 主管智能（智能導向）

CHAPTER 1 職能選才與面談

CHAPTER 2 高效時間與會議

CHAPTER 1 職能選才與面談

管理心法

1.找對人；2.做對事；3.把事做對；4.做的程度如何；5.如何做的更好，是卓越主管人員掌握高效能組織重要性的先後順序。

~石博仁

本章的管理職能發展，依序分為學習、運用、指導與卓越四大階段。

職能階段	階段說明
Level 1. 學習階段	尋求選才的方法與步驟，給予應徵者提問並蒐集相關訊息。
Level 2. 運用階段	掌握人力冰山模式，深入探討績效行為事件，提升選才的信度與效度。
Level 3. 指導階段	挑戰現況選才的流程，努力改善識人模式，獨具慧眼適才適所。
Level 4. 卓越階段	開創獨特的選才策略，進而形成或強化另一種人才優勢。

■ 美國蓋洛普公司花了二十五年的時間，針對8萬名以上的經理人進行訪談，得知經理人發揮最大能力的四個鑰匙，其中第一把鑰匙就是「職能選才」（非經驗智力）。《從A到A＋》這本書也說明了從優秀到卓越的主管人員要先找對人再上車，接下來才弄清楚車子該往哪個方向開。我們也深刻體認「找對人」比「做對事」更重要，因為發現做不對的事，要力求「改變」是比較容易的；倘若找錯人，想要去「改變」他，真是難上加難。

■ 「人才」是企業的最大資產，也是企業永續經營的基礎，攸關人力資本與組織資本的有效發揮，是卓越管理的先決致勝關鍵。

選才事先充分準備

一、找錯人的損失成本

柯林斯的《從A到A+》這本書出版後，「找對人再上車」成為企業奉行不渝的法則。以往人資或用人單位的主管在選才時，往往會流於形式或無有效模式可依循，容易造成錯誤的選才，以至於徒增不必要的人事成本，例如行政作業成本、主管（資深員工）訓練成本、工作交接成本、作業錯誤成本、離職手續成本、再次招募成本、薪資、勞健保、退休金提撥、團保、資遣費等成本，甚至於影響到團隊士氣。根據統計資料，找錯一個員工，損失的成本可能要付出6~12個月薪資；而找錯一個接班人，賠上的

不只是以上的各種成本而已，還可能賠上百年的基業。所以，企業如果找錯人將會付出相當大的代價。

資誠公司（Price Waterhouse Coopers）曾對全球前2000大企業的CEO們作調查，結果有47%的CEO們認為「重塑企業文化與員工行為」，是他們的優先任務。重塑員工行為真是一項艱辛的工程，連心理學家都認為人類3~5歲的可塑性是最高，隨著年齡的增長，行為要改變是很困難的，除非在人生的際遇中受到重大挫折或事故，才有可能要改變原有的行為與習慣。主管人員除了在選才時就要慎重地「找對人」外，對於「不太對的人」尚藉助教育訓練、參與教練、輔導諮商等方式，再加上良性企業文化的長期薰陶下，或許還可以重新塑造員工行為。但對企業而言，「不太對的人」或「找錯人」必然要付出相當的成本與負擔，甚至是亡羊補牢都為時已晚了。

初步檢視一般企業「找錯人」的主要原因是在面臨選才的過程中，面談者（單位主管或人資人員）經常會陷入以下五大盲點：

1. 找最優秀的人？
   應該是找最適當的人。

2. 找與主管相似的人？
   對團隊而言，應該是價值觀相近的、人格特質互補的。

3. 說的比聽的多？

應該是少說多聽，儘量從應徵者探知訊息。

4. 想到什麼就問什麼？

應有結構式的面談模式，對每位應徵者進行面談均能公平合理且有效評估。

5. 從專業判斷決定人才？

專業判斷固然重要，但並非唯一的評選要素，更應評估應徵者的積極主動、問題解決、溝通協調、團隊合作等職能，以及未來發展的潛在特質。

二、確認職缺人才規格

正式進行選才程序之前，主管人員必須先確定想要尋找什麼樣的人才進入企業，也就是先確定選定人才的規格，著手擬訂好「工作說明書」（如**表1-1**，包含工作內容與職位規範），再來進行選才面談的程序，以避免應徵者對工作內容的認知有所落差。

表1-1 工作說明書

部門	職稱	姓名	員工編號

填寫日期	工作地點	直屬主管	核准人簽名

一、此職位在組織中的位置（填寫三個層級即可）

職缺名稱

二、主要目的（為什麼公司需要此職位）

三、主要工作敘述	占總工時%
1.	
2.	
3.	
4.	
5.	
6.	
7.	
8.	
9.	
10.	

四、職位要件
1. 教育程度：
2. 工作經驗：
3. 專業知識及技能：
4. 所需證照：
5. 其他特定需求：

三、求職者的「應徵過程」

　　求職者在應徵過程中，所傳達的資訊有履歷表、自傳、推薦函、進行面談、形象、知識、技能、態度，以及表示對工作有意願等；而求職者期望得知的，例如該職缺的工作說明、工作條件、直屬主管、部門成員、公司文化、公司前景、職涯發展、薪資福利，以及企業領導人等（如**表1-2**）。

　　蓋洛普公司在過去二十五年之中，針對全球超過100萬名服務於各行各業，遍布各國的員工，提出了類似的問題調查。結果發現，有才能的員工可能因為富魅力的領導人、福利制度或訓練計畫，而選擇進入一家公司，但是這樣的員工在這家公司任職的時間長短以及能否充分發揮，全看這名員工與直屬主管之間的關係而定。

　　有此得知，在求職者的期望得知當中，企業領導人、薪資福利、職涯發展、公司前景與公司文化等是有才能的員工進入企業

表1-2　求職者傳達資訊與期望得知			
傳達資訊		期望得知	
1. 履歷表	2. 自傳	1. 工作說明	2. 工作條件
3. 推薦函	4. 進行面談	3. 直屬主管	4. 部門成員
5. 形象	6. 知識	5. 公司文化	6. 公司前景
7. 技能	8. 態度	7. 職涯發展	8. 薪資福利
9. 表示對工作有意願		9. 企業領導人	

的優先考量；但這樣的員工在進入公司以後能否充分發揮績效，則以受直屬主管的影響最大。

四、面談者的「選才過程」

面談者在選才過程中，所傳達的資訊有徵才宣傳、公司簡介、工作內容、工作條件、進行面談、作測驗、背景調查、薪資福利，以及表示對應徵者有興趣；而面談者期望得知的，例如應徵者的技能、知識、態度、積極度、抗壓力、職能程度、人格特質、價值觀以及求職動機（使命）等（如**表1-3**）。

在面談者（單位主管或人資人員）的期望得知當中，技能、知識與態度等是屬於冰山模式以上的外顯人力結構；積極度、抗壓力、配合度、人格特質、價值觀、與求職動機（使命）等是屬於冰山模式以下的內隱人力結構（如**圖1-1**）。

表1-3 面談者傳達資訊與期望得知

傳達資訊		期望得知	
1.徵才宣傳	2.公司簡介	1.技能	2.知識
3.工作內容	4.工作條件	3.態度	4.積極度
5.進行面談	6.做測驗	5.抗壓力	6.職能程度
7.背景調查	8.薪資福利	7.人格特質	8.價值觀
9.表示對應徵者有興趣		9.求職動機（使命）	

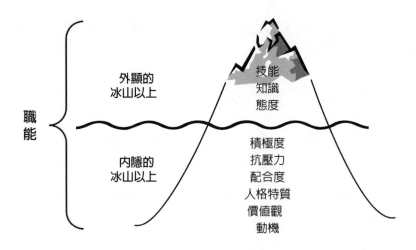

圖1-1　選才冰山模式

　　再者，面談者如要期望得知求職者的充分訊息（尤其是內隱的冰山以下），必須清楚地掌握好面談的三大角色。也就是從一見求職者到面談結束時，就應扮演著「察其言、觀其行」的觀察者，進而提出對的問題與耐心的聆聽，探知冰山模式相關訊息的調查員角色；倘若在面談過程中，認定求職者合乎適當的人選時，可進一步詳細介紹公司文化、營運發展、部門運作以及人事行政相關規定，扮演好推銷員強化公司的優勢與特色。因此，面談者在選才的過程中應該扮演好觀察者、調查員與推銷員等三大角色。

五、透視履歷自傳

在選才的過程中，首先要將職缺的內容進行工作分析，再由分析的結果擬訂好「工作說明書」，依據職位規範（工作條件）進行廣告文宣的甄選工作。在眾多的履歷與自傳中，挑選出符合職務需求的應徵者來參加後續的甄選面談，利用這初步的篩選方法，可以避免耗費過多的甄選面談成本在不適合的應徵者身上。而在篩選應徵者的履歷自傳過程中，應注意下列幾項重點：

1. **基本資料**：了解應徵者的年齡、性別、住址，以及通勤狀況是否會影響工作意願。
2. **學歷與求學過程**：除了學歷是否符合需求外，學習過程是否有中斷（了解其原由），以及探究他的學習動機、人際關係、社團活動與組織能力等。
3. **工作經歷**：主要了解過去的工作經歷與職缺工作內容的關聯性，並詳細了解工作時段、內容、待遇、離職原因及合理性、換職頻率、工作中斷原因、待業時段等，尤其是換職頻率代表著工作的穩定性。一般而言，在一家企業工作至少滿三年才算工作穩定性較高。
4. **配合加班／出差**：了解可接受的原因、時段與頻率，並推測應職者的工作期待與未來適應性。
5. **專長／證照**：了解應徵者的專長與職缺工作內容之關聯性，以及取得證照的成就動機與職涯規劃等。

6. **家庭狀況**：了解應徵者的家庭成員與相關背景，以及是否有經濟負擔壓力。一般而言，適當的家庭經濟負擔將有助於工作的穩定性。

7. **自傳**：詳閱相關內容：家庭狀況、興趣、特質、求學過程、工讀經驗、工作經歷、邏輯結構、人際關係、系統思考、問題解決、組織能力、價值理念、自我期許與生涯規劃等，並注意文筆是否通順、前後是否有矛盾，以及評估未來潛力與適任性。

　　檢視應徵者以上的履歷自傳後，篩選出適合的應徵者進行甄選面談。在面談前請應徵者填寫公司制式完整的履歷表，並確認是否完全填寫而無遺漏以及字體是否工整清晰。

知人知面更要知心

　　我們來進一步探索冰山模式以下的人力結構，尤其是求職者的使命（動機）、價值觀以及人格特質。

一、使命（動機）

　　使命是一種生命的湧泉，求職者為何工作的理由與目的，也就是求職的動機。「工作」是人生很重要的部分，人類對於社會

的貢獻通常是透過工作。怎麼看待你的工作？是一份差事？一個職業，還是一種使命？完全視於你的「起心動念」。

　　同樣是一份清潔人員的工作，有A、B、C三位員工對於工作的動機有所不同，如下：A員工認為清潔工作是一份差事，工作只為了那份薪水，心並不在那個工作的意義，只在意金錢收入，並沒有想過還要有其他收穫，也就是認為「我在謀生」；B員工認為清潔工作是一個職業，在工作上無需花費太多複雜的心思，只要熟能生巧便可好好地完成工作，並且能得到個人滿足感，也就是認為「我在完成工作」；C員工認為清潔工作是一種使命，在工作中能帶給大家清新優雅的環境，使人們身心健康與愉快，薪水多寡反而不第一個重要考量，也就是認為「我在幫助人們身心健康」。

　　以上A、B、C三位員工當中，哪一位的工作績效較為突出？在工作的過程較為快樂？想必答案已昭然若揭，當然是非C員工莫屬了！

二、價值觀

　　價值觀是一種意識的導引，也就是達成願景、目標所依據的價值認定與行為準則，深信堅定的價值觀必然會助燃可長可久的卓越績效。比如，希波克拉底醫師被尊稱之為「醫學之父」，對臨床醫學貢獻甚多，並總「先世醫學」之大成，堪稱古醫師之典範。而其所訂立之價值觀（醫師誓言），更成為後世醫師之道德綱領，也是《急診室的春天》影集的價值觀誓言，如下：

1. 今日我成為醫界的一員，立誓現身為人類服務。
2. 我感激與尊敬恩師，如同對待父母。
3. 本著良心與尊嚴行醫。
4. 病患的健康與生命，是第一重要的事。
5. 我必須嚴守病患的秘密。
6. 我必須維持醫界的名譽與高貴的傳統。
7. 我以同事為兄弟；對病人的責任，不因宗教、種族、國籍或社會地位不同而有所差別。
8. 生命自成胎開始，這是至高無上的尊嚴。
9. 即使面臨威脅，我的醫學知識，也不與人道相違。

　　筆者在培訓與輔導企業超過1,500場次的過程中，也堅持以下三大價值觀：

1. **簡易**：我擅長於結構式的化繁為簡，並致力於易學易懂且輕鬆愉悅的培訓／輔導運作模式。
2. **實用**：我貢獻產業實務經驗，確保各項服務均能產出成果且有效的實務運用。
3. **創新**：我不斷地改善現況，持續追求成就組織綜效的極限。

　　在美國的企業，價值觀的使用項目經統計結果以「誠實正直」（honest）最為普遍重要，其他如前瞻性（forward-looking）、能幹（competent）、激勵人心（inspiring）、聰明（intelligent）、公正（fair-minded）、心胸開闊（broad-minded）、支持（supportive）、勇往直前（straightforward）、可靠（dependable）、合作（cooperative）、果斷（determined）、想像力（imaginative）、雄心的（ambitious）、英勇的（courageous）、愛心的（caring）、穩重的（mature）、忠誠的（loyal）、自我控制的（self-controlled）、獨立的（independent）等等。在台灣的企業，雖然沒有統計常用的價值觀相關資料，但大部分的企業都會以「誠實正直」為優先考量。

三、人格特質

人格特質（行為風格）是一種舉止態度與行為習慣，在行事風格以及人際關係上，有一定重複出現的模式（包含行為、思想、感覺）。每一種人格特質各有優勢與劣勢，沒有對與錯的分別，如果有一位員工的人格特質優勢領域很適合該職務，那麼在工作上將會愉悅地發揮效能，可稱得上「適才適所」；倘若再加上強烈的使命與堅定的價值觀，則在工作績效上必有卓越的績效表現。

對於人格特質的研究，早在1921年心理學家榮格（Carl Jung）就採取科學方式把人分為直覺型（intuitor）、思考型（thinker）、情緒型（feeler）、和感覺型（sensor）等四種。此後心理學家便創造出各種不同的行為模式，有些細分為十六種

或更多種類型，但企業在實務上最常用的還是以東尼·亞歷山卓（Tony Alessandra）和麥可·歐康諾（Michael J. O'Conor）兩位行為管理學家所提的四種類型：目標型（director）、社交型（socializer）、溫和型（relater）與分析型（thinker）為主（如**表1-4**）。

對於以上四種不同人格特質的員工，在領導溝通方式也應該有所差異，詳細說明可參照第5章「績效溝通與面談」。

沒有哪一種人格特質的員工是最好的，但也沒有哪一種人格特質的員工是最差的，人格特質是沒有好與壞的分別，只是端視主管人員如何把他擺在對的位置「適才適所」。畢竟每一種人格特質都有它的優勢領域與劣勢領域，倘若在一個團隊中相近的人格特質比例過高，則將會有所盲點，例如團隊中都同屬於「目標型」的員工，則會是急驚風的「敢死隊」；如都同屬於「溫和型」的員工，則會是慢郎中的「等死隊」。因此，在團隊中還是需要有這四種人格特質的員工來形成互補，才會不失管理哲學「推」與「拉」的精神。

我們耳熟能詳的《西遊記》中的四位人物，就是一個典型的互補成功團隊，如果沒有孫悟空（目標型），西方取經的團隊是很難克服障礙與突破重圍，唐三藏的遠大抱負也將無法實現；如果沒有豬八戒（社交型），很難想像團隊將是如何的枯燥乏味和令人厭倦，工作成了「生命中不可承受的重」；如果沒有沙悟淨（溫和型），團隊將暴露在走鋼索的危險中，後勤支援的匱乏是很難在穩定中求發展；如果沒有唐三藏（分析型），團隊缺乏制

表1-4 人格特質四大類型

類型	優勢領域	劣勢領域	適合職務
1. 目標型（信心）	注重結果導向，果敢、直接且充滿自信，講究效率、喜歡競爭、勇於接受挑戰和冒險，是天生的行動派。	比較霸道缺乏耐性，無法容忍別人無能，說話經常直來直往，造成他人沉重的壓力，無意間容易得罪他人。	事務導向的外向拓展工作，例如拓展業務、開發市場、技術研發等職務。
2. 社交型（熱心）	注重理念導向，樂觀、活力且滿懷熱心，喜歡表現、擅長表達，具有創意與直覺力強，是天生的外交家。	注意力的集中很難持久，容易感到乏味無聊，對於處理支微末節的細節倍感艱辛。	人際導向的外向拓展工作，例如業務交涉、公共關係、創意設計等職務。
3. 溫和型（耐心）	注重穩定導向，友善、親切且與人隨和，默默耕耘不愛出風頭，循序漸進地發揮產能，是天生的幕後英雄。	行事謹慎小心，不敢冒險，喜歡照舊有方式做事、難有突破、不輕易改變。	人際導向的內斂守成工作，例如業務助理、行政人員、客戶服務等職務。
4. 分析型（細心）	注重公平導向，理性、細心且深思熟慮，注重邏輯、善於分析，做事有條有理且重視細節，是天生的名偵探。	比較保守、內向且單調刻版，有時過於吹毛求疵、要求完美，容易得罪他人。	事務導向的內斂守成工作例如工程師、會計、分析師、程式設計師等職務。

度與紀律，只不過是一群烏合之眾。成功的團隊是在這四種不同
人格特質的員工互相培養互補幫助的文化下，促進彼此協調合作，
共同創造友好相處的夥伴關係，使得經營管理的績效永續發展。

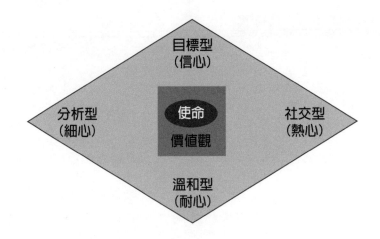

圖1-2　人格特質帳篷模組

　　總而言之，成功團隊的組成夥伴們就猶如「人格特質帳篷模組」（如**圖1-2**），中心是由起心動念的使命以及共同的價值觀所支撐著，四周的角落是四種人格特質的互補。所以，我們深知冰山模式以下的使命、價值觀與人格特質以後，在選才的過程中，就比較能夠掌握「知人知面又知心」。

　　有效的選才過程中，最主要的兩大核心莫過於可信度和有效度（如**圖1-3**）。以下就選才的兩大管理工具，來加以說明可信度與有效度。

1. **以職能為基礎的行為事件面談法**（behavioral event interview，**簡稱**BEI）：可信度由一般傳統面談法14%提升至行為事件法的55%。
2. **結構式面談法**（structured interview）：有效度比一般非結構式的面談大幅提升兩倍以上。

圖1-3　職能選才雙核心

職能式行為事件法

一、行為事件法

　　何謂「行為事件法」，係指在選才的過程中是否能找到適當的人才，主要的關鍵是以「績效導向」的目標選才為核心重點。也就是說，評估應徵者是否合乎職缺工作績效的要求。那如何探知應徵者是否合乎績效的要求？應徵者給的訊息是否可信？可以運用什麼工具來提升可信度？有的企業使用面相學，甚至紫微斗數等等來選才，雖然有些可信，但並無相關科學性的統計與證明它的可信度達到多少。較具有行為科學的統計資料，即是一般企業採用行為事件面談法的面談技巧，可大幅提升預測應徵者未來行為的「可信度」。

■ 何謂「行為事件法」，我說一段故事來比喻會較為貼近，我有一位大學同學姓張，認識他已有二十幾年了，每次與他約會聚餐都會遲到，對他而言，二十幾年來的行為一路到底、始終如一，遲到一個小時算正常，遲到半個小時還算早到，所以我們週遭的同學都叫他「遲到大王」，這次同會聚會日子又快到了，預計排定在某月某日晚上七點在某某飯店聚餐，那如果你是主辦人員要預約這位「遲到大王」張同學來某某飯店聚餐，會通知他幾點報到？每次在上課中向學員說明這段故事時，大部分的學員都會異口同聲地回答：「晚上六點」。為什麼會回答「晚上六點」？因為我們用他過去的實際行為模式，來預測他未來很有可能的實際行為軌跡，這就說明了行為事件法。也就是說，行為事件面談法是一種面談者在進行選才面談時，探詢應徵者過去的績效行為模式為依據，來預測應徵者未來的行為軌跡，是否合乎該職缺的績效行為標準。運用這種行為事件面談方式來評估應徵者是否勝任的「可信度」，由一般傳統面談法的14%提升至55%。

　　然而，你認為員工的「想法」、「說法」，還是「做法」會與工作績效有強烈的相關性嗎？「想法」只是認知的層次而已，並無真正去執行；「說法」可能是說一套做一套，只有一半的執行力，所以與其坐而言不如起而行；「做法」幾乎是等於執行力行為，也就理所當然地與工作績效有相當強烈的因果相關性，所謂「讀經千萬遍不如做一遍」就是這道理。所以，無論是「績效導向」的選才面談或績效面談，都是以「行為事件」來作為評估的依據。

　　選才面談時提問的問題，例如：傳統式的問法：

「你將如何做好一場正式的業務簡報？」

應徵者可能因口才表達很好或書讀的很多，使得面談者認為他對答如流，可勝任此工作，但經研究顯示該應徵者可以在未來展現做好業務簡報的「可信度」卻僅有14%；如果轉換成用行為事件式的問法：

「你曾做過一場最成功的業務簡報？困難的原因在於？」

應徵者說明過去成功的經驗，並且找出困難的原因與克服困難的方法等，經研究顯示該應徵者可以在未來展現成功業務簡報的「可信度」高達55%。每一位應徵者都必須接受行為事件的提問，並說明曾經做過的實務經驗，這樣用行為事件面談法進行面談的過程中所提問的問題，也會比一般的傳統假設性的方式較能貼近真實與公平。

二、收集關鍵績效行為

關於行為事件面談法，最早是心理學家用來進行心理測驗與評鑑的一種使用工具，而運用在企業的實務經驗中，將它透過一系列提問的問題，蒐集應徵者在代表性事件中具體行為的詳細訊息。而這些所提問的問題，通常會有如下列的提問方式（如**表1-5**）：

表1-5　行為事件「5W2H」	
W—When	事件的時間？
W—Where	事件的地點？主要發生的過程是……
W—Why	你主要的任務（目的）是？
W—Who	與有誰有關？顧客？同事？主管？
H—How	你當時怎麼做？採取了什麼措施？
H—How much	處理到什麼程度？
W—What	最後結果如何？

「這事件在何時發生的？」

「什麼地點發生的？」

「主要發生的過程為何？」

「當時你主要的任務為何？」

「有哪些人與這事件有關？」

「當時你怎麼做？採取了什麼措施？處理到什麼程度？結果如何？」

「最後結果如何？」

　　也就是詢問應徵者過去的實際經驗，以聽故事的方式來掌握清楚的「人事時地物」等充分的訊息，然後透過這些所收集的資料來作比較分析，用來檢視應徵者過去的行為軌跡是否符合職缺的績效需求。

　　同時，在進行面談的過程中除了必須掌握提問對的問題、澄清確認、收集行為事件以及作好記錄，尤其是「問對的問題」最

為重要，在與應徵者面談之前，準備好提問的問題，通常設計問題包含以下幾個步驟：

步驟1：界定職缺的績效能力。

步驟2：估算該績效能力有哪些關鍵績效行為。

步驟3：設計應徵者關鍵績效行為的提問。

步驟4：對該提問進行補充或追問。

以上已針對步驟1、步驟2與步驟3作了說明，至於步驟4的補充或追問，是為了判斷應徵者回答的真實性，所預定設計的追問問題。比如說：

1. 你成功了嗎？為什麼？關鍵為何？或者，你失敗了嗎？為什麼？關鍵為何？

2. 你當時面臨的困難是什麼？如何克服的？

3. 你從中學習到了什麼經驗？

4. 如果再發生一次你會如何處理？

5. 當時你的主管如何看待這件事情？

收集關鍵績效行為主要在於「問對的問題」，正確的提問問題就等於成功了一半以上，如果在提問「正向」問題後，再提問「反向」問題以及「追問」問題，那麼應徵者對過去行為事件的描述也就更完整了。也就是說，以聽故事的方式來提問問題，讓應徵者將過去的行為事件講清楚說明白。

三、伯樂點選千里馬

近幾年來企業選才進行面談時，使用收集關鍵績效行為的效益愈來愈顯著，連鴻海集團也不例外。我們來探討2010年鴻海「點將相」針對總裁幕僚群的選才活動，這次招募沒有名額限制，也沒有年齡及學歷等限制，只要自認為是好人才，均可以報名。主管人員將安排筆試與面試，最後由郭台銘總裁親自圈選後，親自「教棒」傳承與教導企業經營管理的思維，以培養具備創新觀念的年輕人，養成合格之後，有機會擔任事業群主管，成為集團可能接班人選。這次總裁幕僚群徵才條件，共訂八項資格，包括：

1. 具備專業資歷。
2. 有開創事業能力，具備強烈的成就動機。
3. 有帶領企業成長的成功經驗。
4. 有思想、有膽識、肯負責。
5. 要具有長遠利益，能與團隊合作達成任務。
6. 擁有高度彈性及抗壓性。
7. 具備國際視野。
8. 有意願、肯吃苦耐勞、細心學習。。

另外，除了人員基本資料表之外，還要回答專用申請書上的九大問題，分別如下：

1. 說明您對鴻海的認識。

2. 您想加入「總裁幕僚群」的動機。

3. 您認為您過去的學／經歷、成就對於您到「總裁幕僚群」，有哪些幫助？

4. 假如您獲得進入「總裁幕僚群」的機會，您準備如何發展您的事業？

5. 如果您有傑出事項或專業成就，請您簡要說明或提供相關文件資料。

6. 您認為什麼樣的成員背景組成可以讓「總裁幕僚群」的成效最大化？為什麼？

7. 如果您有機會與郭台銘總裁面談，您想提出什麼「建言」？

8. 以往經營企業或執行專案時，有何失敗或不成功經驗？從中學習到何種經驗？

9. 帶領企業成長的成功經驗說明（最有成就感的一段經驗）。

針對以上的九大問題來進行分析與探討（如**表1-6**）。

除了上述的鴻海，麥當勞在選才面試時，也是同樣地著重在行為事件面談法，其重要提問的幾個問題，摘錄如下：

1. 過去從事過哪些工作？或打工？為何離職？

2. 是否曾經從事獨當一面的工作？比較專長的領域為何？

項次	鴻海提問問題	分析與探討
表1-6	鴻海「點將相」之提問	
1	說明您對鴻海的認識。	如果應徵者說明愈正確且愈詳盡，表示愈用心準備鴻海的相關資料，求職的意願愈積極；相對地，求職展現主動積極，正式工作也會主動積極。
2	您想加入「總裁幕僚群」的動機。	此問題用來了解求職者冰山最下層的動機。
3	您認為您過去的學／經歷、成就對於您到「總裁幕僚群」，有哪些幫助？	此問題為典型的關鍵績效行為事件法，了解求職者過去的學／經歷、成就的具體行為事件，是否與「總裁幕僚群」的績效行為有高度的相關性。
4	假如您獲得進入「總裁幕僚群」的機會，您準備如何發展您的事業？	此問題用來了解求職者的職涯規劃與具體作法，通常會提問求職者1~2年的職涯規劃會比較具體，並且說明近半年來做了哪些相關的準備。
5	如果您有傑出事項或專業成就，請您簡要說明或提供相關文件資料。	此問題為相當標竿的關鍵績效行為事件，了解求職者過去的傑出事項或專業成就，並提出相關文件資料來佐證「總裁幕僚群」的績效行為是否有高度的相關性。
6	您認為什麼樣的成員背景組成可以讓「總裁幕僚群」的成效最大化？為什麼？	這一問題為鴻海針對這次選才獨特的提問，主要用來了解求職者未來在工作上如何包容成員不同的背景，將「總裁幕僚群」的團隊合作的成效發揮到最大化。
7	如果您有機會與郭台銘總裁面談，您想提出什麼「建言」？	此問題也是這次選才獨特的提問，用來了解求職者對鴻海的建議與改善的地方。
8	以往經營企業或執行專案時，有何失敗或不成功經驗？從中學習到何種經驗？	此問題為相當典型的關鍵績效行為事件，先提問「反向」問題後，再提問「追問」問題，來了解求職者如何去克服過去的失敗或不成功經驗，並且從中學習到有哪些寶貴經驗，是否與「總裁幕僚群」的績效行為有高度的相關性。
9	帶領企業成長的成功經驗說明（最有成就感的一段經驗）。	此問題為「正向」提問的關鍵績效行為事件法，來了解求職者過去的最成功（最有成就感）經驗，是否與「總裁幕僚群」的績效行為有高度的相關性。

3. 長時間從事同性質的工作是否能得心應手？與其他人相較之下，自己的優點何在？

4. 在過去所從事的工作或是學生時代參加的社團活動中，自己最喜歡或是印象最深刻的工作為何？

5. 在過去的工作崗位上，假使上司臨時調派其他的工作或是派遣至外地出差，配合度如何？以何種態度面對？

6. 過去是否曾經有過團隊工作的經驗？

　　除此之外，要進入Google公司，最重要的能力評估，也有行為事件法的意涵，評估應徵者的提問順序為「以前做過什麼」、「未來可以做過什麼」、「什麼都沒有做過才會看學歷」。例如Google辦公室內有一位同仁的Nokia手機發生故障，因此廣發mail尋求Nokia手機達人來解決故障問題，不久之後，有一位同仁回信：「我沒有Nokia手機，但那一款手機的作業系統是我寫的，有什麼問題嗎？」回信的同仁是一位高中沒畢業的英國籍工程師。

　　聰明的你，是否已經看的出來，伯樂要如何挑選千里馬？專注於千里馬過去的「績效行為事件」就對了！

結構式選才面談法

一、何謂結構式面談

結構式面談是指所有同一職缺的應徵者,都應適用相同一套面談的結構與內容。每位應徵者接受一組標準化的問題,其中對問題的回應,應具有描述過去行為事件的作用,以利預測應徵者未來在工作上的績效表現。結構式面談法被認為較少主觀上的偏差,主要是以「績效導向」的職能行為事件為基礎,因此筆者整理出企業在實務上常用的結構式面談,可分為事先準備、進入主題、檢視履歷自傳、提問問題、介紹公司、回答問題(Q&A)以及結束面談等七大步驟(如**表1-7**)。

二、結構式面談的好處

結構式面談法是一種事先設定明確的面談順序步驟,以及提問問題的引導方式,具有如下六大好處:

1. **簡單易學**:由於已預先設定面談的結構順序與問題,面談主管人員只要依據應徵者的個人狀況微幅調整,即可依樣畫葫蘆地照著結構進行面談。

表1-7　結構式面談七大步驟

步驟	面談流程	主角	重點說明
一	事先準備	面談者	1. 判讀與篩選履歷與自傳。 2. 檢核項目：預約面談室、座位排列、茶水、工作說明書、問題題庫、測驗等。 3. 備齊公司規定與表單。
二	進入主題	面談者	1. 介紹自己姓名、職稱、部門。 2. 簡短破冰。 3. 說明面談程序。 4. 說明應徵者工作內容與未來發展性。 5. 解釋在面談中會作記錄。
三	檢視履歷自傳	應徵者	1. 請應徵者三分鐘的自我介紹。 2. 多問少說，並作紀錄。 3. 耐心地專注聆聽。
四	提問問題	面談者與應徵者	1. 提問「正向」、「反向」、「追問」問題。 2. 觀察肢體態度且作紀錄與評價。
五	介紹公司	面談者	1. 介紹公司營運、產品發展、部門運作。 2. 說明公司文化、人事行政相關規定。
六	回答問題（Q&A）	面談者與應徵者	親切地完整回答問題。
七	結束面談	面談者	1. 告知應徵者接下來的程序。 2. 感謝應徵者撥冗參與。 3. 趕快作好記錄與整理相關資料。

2. **不漏提問**：因預先規劃與擬定面談的提問，可避免遺漏重要的問題或待釐清的事項，使得選才面談更為完整。

3. **公正評估**：由於提問的問題已事先備妥，並且可以事前推估應徵者可能回覆的內容，便於在進行面談時判斷應徵者回應內容的適當性或進行更深入的詢問，以利公正客觀地評估應徵者。

4. **交叉比較**：由於所提問的題目內容大同小異，較易交叉比較同一職缺每位應徵者的優勢與劣勢。

5. **提升效度**：根據研究資料，評量中心法的「有效性」係數僅約0.36，心理測驗的係數約0.53，結構式面談模式係數可高達0.55~0.70，而且結構式面談法比無結構式面談的「有效性」，可大幅提升至少兩倍以上。

6. **營造形象**：採用有系統結構性選才面試方式，可以營造企業與面試主管的專業形象。

較為惋惜的是，根據104人力銀行針對300家企業進行調查，台灣企業採用無結構式面談約占67%，半結構式面談約占24%，結構式面談模式卻僅有9%而已。因此，個人更強烈的呼籲企業，為了要提升選才的「有效性」，更應該深耕與強化結構式面談的使用模式。

三、選才的新時代趨勢

1973年於美國出版一篇論文〈職能而非智力的評量〉中，最

早引發職能運動的開端，目前全球超過42個國家10,000家企業導入職能評鑑與發展，台灣於2000年始有啟蒙「職能」方法評量，並捲起一股職能管理的風潮。所謂「職能」，是指一個人所具有的潛在基本特質，而這些潛在基本特質，不僅與其工作及所擔任的職務有關，更可預期或實際反應及影響其行為與績效表現的因果關係，更可以說是知識、技能、態度或其他特徵之綜合反應。職能模式在企業管理上，已經廣泛被運用在職能選才、培訓發展、接班人計劃、績效評估與薪獎評價等，然而在實務的應用中，「職能選才」已成為在企業上公認是最高的經濟效益。

因此，面談者可以事先規劃好求才必備的2~3項核心職能，例如多積極主動、問題解決能力、創新與實踐、促進學習成長、決斷自信、展現成就的決心、追求最佳表現、影響說服、鼓舞投入、顧客服務導向、關注市場與環境、團隊合作等多參考篩選，並設計好面談提問的「正向」、「反向」以及「追向」行為事件法問題，在面談對話的過程中，精準地預測應徵者未來可能展現績效的行為，以利作為評選適當人才的重要依據。

過去往往重視應徵者的專業技術，容易造成錯誤的選才，甚至許多研究也顯示，無結構式的面談所達成的效度相當低，以致於徒增我們太多人事成本。為了提升面談有效性，以全面性的人力結構（冰山原理）為基礎，整體設計「結構式」（step by step）選才面談模式，並以職能導向的行為事件法設計面談問答技巧為核心的對話，以期甄選到最適任的人選。

如能掌握住選才的雙核心可信度（行為事件法）與有效性（結構式面談），獨具慧眼的企業識人術，將可開啟發揮組織效能的第一把鑰匙。因為，往往人找對了，事情就自然順了。

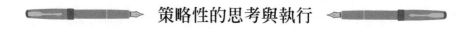 策略性的思考與執行

一、在選才的過程中，應徵者的「專業知識」與「人格特質」兩
　　者比較，哪一個較為重要？為什麼？

二、為了期望得知應徵者的「抗壓性」的程度如何，你會提問哪
　　些行為事件法的問題？

三、試舉例自己部門單位的某一職缺，有哪兩項核心職能與它的
　　績效有強烈相關性？如何提問探知應徵者是否能夠實務運用
　　該兩項核心職能？

CHAPTER ② 高效時間與會議

管理心法

生命有限，我願無窮；唯有分秒不空過，才能步步踏實做。

~石博仁

本章的管理職能發展，依序分爲學習、運用、指導與卓越四大階段。

職能階段	階段說明
Level 1. 學習階段	維持目前的工作方法與流程，鮮少嘗試改善。
Level 2. 運用階段	計畫與排列工作優先順序，思考與改善方法與流程，並設法排除障礙。
Level 3. 指導階段	持續不斷調整與改善，縮短時效和成本，提高靈活性與應變力。
Level 4. 卓越階段	預先因應尚未浮現的問題與契機，避免遞延時效及創造良機。

■ 你了解自己嗎？活著的價值為何？你想得到什麼？想有什麼成就？想過怎樣的生活？如何找出你的人生五大領域目標：

1. 事業（工作、財富）。
2. 家庭（父母、夫妻、兒女、兄弟姐妹）。
3. 心智（知識、專業、心靈、信仰）。
4. 社交（社團、朋友、人際）。
5. 健康（運動、養生）。

■ 如要發展均衡圓滿的人生五大領域，你一定會發現時間是成功的關鍵！

聚焦時間黃金流向

一、何謂時間黃金流向

我們常聽到有人說：「我很忙」、「我沒時間」、「我沒空」……，但到底是「盲」還是「茫」；是「瞎茫」還是「假裝忙」？仔細推敲有這類說詞的不外乎可能是：工作目標不明確？不會排列優先順序？不懂授權？無頭蒼蠅瞎忙一場？無法靜下來？自抬身價？還是推託的最好藉口？……等等，無論如何，光是繁忙並不夠Smart。問題在於：我們到底在忙些什麼？忙的有意義嗎？若十年後回過頭來看，可能會察覺到現在忙的事是否真的有意義？還是有些可笑？找個時間讓自己好好靜下來思考一下吧！

人生最寶貴的兩大資產,一個是頭腦,另一個就是時間了。無論做什麼事情,即使不用腦子,也要花費時間。況且,上天給予人類最公平的事,以每個人一天都是24小時最不為過了,扣除掉睡眠7小時,吃喝拉撒2~3小時以及等待浪費的雜事,剩下能夠善加利用的時間卻不到12小時。時間從如何分配的關係到價值的取捨,如何根據你的價值認定來做時間管理,都是一項重要的技巧,因為善加運用時間,才能夠控制人生的節奏與秩序,朝著目標方向前進,而不至於忙亂中迷失方向。

　　養成良好的時間管理就能幫助你制訂出有效的時間計畫,減輕你的壓力和憂慮,以及掌握時間利用的最大限度。然而,你不用擔心時間週期會讓你變成機器人;相反地,它能使你享受支配時間的自由感,以及提升你的生命活力。

　　在職場上,時間價值是在一定的時間內把自己管理好,在工作中掌握績效的關鍵,不斷地追求卓越與創造價值。筆者整理出時間的黃金流向,應聚焦在「效能」、「效率」與「熱情」等三大構面的交集(如**圖2-1**)。

二、效能的黃金流向

　　卓越主管人員經營管理的主要核心,是為了達到企業組織的願景與目標,將投入的資源經由營運轉換至產出成果,作最有效能(effectiveness)、有效率(efficiency)的運用。

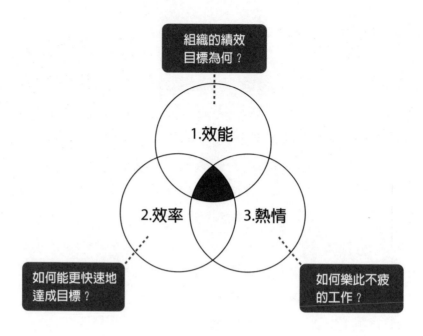

圖2-1　時間黃金流向

□ 什麼是效能

公式：效能＝產出／目標

如果期末的目標為1億，產出也是1億的話，那效能為100%；如果期末的目標為1億，產出只有7,000萬而已，那效能為70%，你是否也察覺到效能的多少，也就是目標達成率有多少。那麼，一般企業常用的績效評估，認定目標達成率100%，績效為100分；目標達成率70%，績效為70分。由此，你是否也已經歸納出，效能的

多少就等於目標達成率的多少，也等於績效的多少。

另外，著作多達40多本，發行遍及全球130多個國家，涵蓋管理、經濟、政治及社會學等各方面的彼得‧杜拉克（Peter Drucker）大師，對於「效能」也有類似的看法，而最受推崇的是他在管理學的原創概念。「目標管理」、「顧客導向」、「知識工作者」、「後資本主義社會」等等，都是杜拉克大師率先提出的創見，其中大師認為身為高效能的主管人員應遵循以下八種做法：

1. 他們會問：「需要完成的工作有哪些？」
2. 他們會問：「對公司而言，什麼是對的事情？」
3. 他們發展出行動方案。
4. 他們負起決策的責任。
5. 他們負起溝通的責任。
6. 他們聚焦於機會，而非問題上。
7. 他們召開建設性的會議。
8. 他們在思考時和言談間，想的和說的都是「我們」，而不是「我」。

前兩項做法與組織的績效目標相關（詳細參考第7章「KPI與目標管理」），接下來的四項作法是將績效目標轉化為有效的行動，最後兩項做法是確保組織承上啟下的責任與擔當。

三、效率的黃金流向

❏ 什麼是效率

接下來說明有效率（efficiency）的運用，那什麼是效率？

公式：效率＝產出／投入

如果期末的產出是5個單位，投入也是5個單位，效率為1；如果期末的產出也是5個單位，但投入只要2.5個單位就可以了，那麼效率則提升為2，也就是產出不變的話，投入的資源愈少，則效率愈高。那一般主管人員投入的資源，主要可分為人力資源、物力資源、財力資源、技術資源、資訊資源以及時間資源等。

由**圖2-2**是否可推測出，是先有效能的思考？還是先有效率的思考？效能與效率存在何種關係？

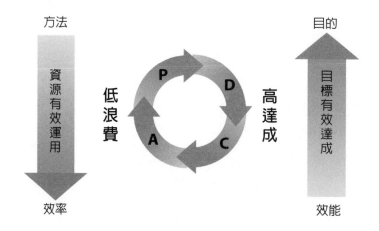

圖2-2　效能V.S效率

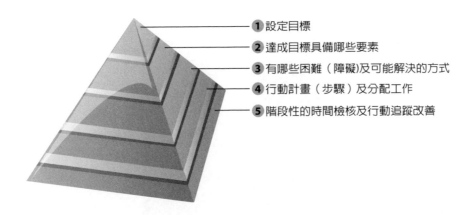

圖2-3　達成目標的時間金字塔

　　打個比方，要到達羅馬是我們的目標，但條條道路是通羅馬的，我們將會選用一種快速、安全又省錢的方法到達。因此，設定目標到達羅馬，是否能如期到達，則與效能有關；資源的有效運用，則與效率有關，所以我們會先有效能的思考，再來效率的規劃。總而言之，主管人員設定目標（效能）後，將會進行工作計畫（效率），然而工作計畫考慮的要素就是人力、物力、財力、技術、資訊及時間等資源的有效排序與運用，以及延伸出達成目標的時間金字塔（如**圖2-3**）。

　　如何來排序資源的先後順序，尤其是時間處理的輕重緩急，主要關鍵在於「重不重要」、「急不急迫」（如**圖2-4**）。

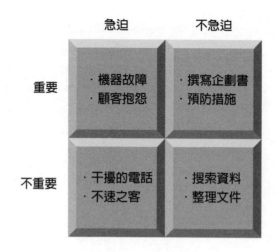

急迫　　　　　不急迫

重要
・機器故障　　　・撰寫企劃書
・顧客抱怨　　　・預防措施

不重要
・干擾的電話　　・搜索資料
・不速之客　　　・整理文件

圖2-4　時間區塊（一）

1. 重要且急迫的事：機器故障、顧客抱怨等。
2. 重要且不急迫的事：撰寫企畫書、預防措施等。
3. 不重要且急迫的事：干擾的電話、不速之客等。
4. 不重要且不急迫的事：搜集資料、整理文件等。

　　以上四種情境的正確行事，優先順序可如**圖2-5**排序，依序為
A、B、C、D。

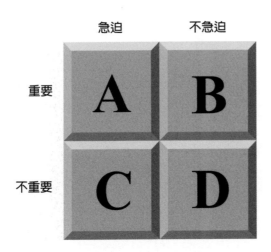

急迫　　　不急迫

重要

不重要

圖2-5　時間區塊（二）

　　無庸置疑地，A是重要且急迫的事最優先行事，D是不重要且不急迫的事排序在最後行事。在課堂上發現學員經常會排序錯誤的是B與C的順序，主要的關鍵在於C是不重要且急迫的事，比如干擾的電話或不速之客是可以「遞延」處理的，不必要優先「行事」，因此C象限應該排序在B象限後面，再仔細看**圖2-6**，你可能更理解了。

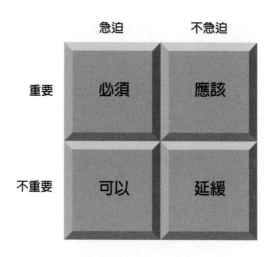

急迫　　　　不急迫

重要　　　必須　　　應該

不重要　　可以　　　延緩

圖2-6　時間區塊（三）

　　如果你已經掌握了正確行事的優先順序，但不要忘了規律的生活與工作，將會發展出你的活力週期，並且有助於效率的提升。檢視一下自己，是否有發展出你的活力週期！（如**表2-1**）

　　另外，筆者整理出提升效率的時間管理法則，如計畫（plan）、執行（do）、檢核（check）、改善（action），簡稱為PDCA時間管理法則。

⃞ 計畫

1. 設定完成目標的時間最後期限。
2. 大目標切割成若干子目標，再為各子目標規劃最後期限。
3. 凡事及早做步局與準備。
4. 規劃清楚後第一次就做對。

表2-1 發展活力週期

時間	重點掌握
起床	1. 將柔和音樂設定為鬧鐘或手機的響鈴聲。 2. 賴床與伸懶腰約5~10分鐘後再起床。 3. 喝一杯水350c.c~500c.c。
上班前	1. 活力營養早餐（可邊聽音樂）。 2. 善加利用通勤時間。
9：00~12：00 （元氣高峰期）	辦理重要性與緊急性的事情（集中心力）
12：00~14：00 （思緒遲緩期）	1. 中午用餐避開人群擁擠。 2. 收集相關資料。 3. 小睡片刻（閉目養神）。
14：00~17：00 （思考復原期）	辦理重要性與緊急性的事情（集中心力）
17：00~18：00 （意願低迷期）	1. 收集相關資料。 2. 整理資料並歸檔。 3. 保持桌面乾淨。
19：00~23：00	1. 檢視與妥善安排明天工作計劃（一日之計在昨晚）。 2. 放鬆入眠。

☐ 執行

1. 集中精力一次處理完成。

2. 善用瑣碎時間處理比較簡單、快速的事。

3. 養成做備忘錄的習慣。

❏ 檢核

1. 階段性的檢視工作進度。
2. 總檢核「達成目標的困難與障礙」。

❏ 改善

1. 不要太過吹毛求疵的「要求完美」，應抱持著一次比一次
   更好的「追求完美」。
2. 避開尖鋒人潮或擁擠交通而延誤時間。
3. 無意義的閒聊或社交要斷然說「NO」。

四、熱情的黃金流向

在工作上能夠主動積極地去從事，其背後有一種重要的推動
力量，那就是熱情。當熱情消退時，便也失去了動力，完成績效
目標的時間性也會有所遞延了。那如何引發內心的熱情，答案在
於「水往低處流，人往好處走」，在執行績效目標的過程中，
如果能夠思考與提醒自己完成目標的好處（有形物質或無形精
神），必然能夠再次點燃內心的熱情。除此之外，正面思考的威
力更是不容小覷的（如**表2-2**）。

在工作職場上，表2-2右邊的正面思考代表信心，當你出現多
一點正面的思考，內心的天使將會也將會出現；表2-2左邊的負
面思考代表恐懼，當你出現多一點負面的思考，內心的魔鬼也隨
之而來。我們的人生與職場，何嘗不是在「信心」與「恐懼」之

表2-2　正面V.S負面思考	
負面（恐懼）	正面（信心）
1. 消極	1. 積極
2. 沮喪	2. 樂觀
3. 緊張	3. 自在
4. 責罵	4. 鼓勵
5. 冷酷	5. 溫暖
6. 打斷	6. 傾聽
7. 自私	7. 分享

間的掙扎，也就是，當你信心愈大時，恐懼就會愈小；恐懼愈大時，信心則會愈小。你的事業成就，完全取決於「信心」的天使能否戰勝「恐懼」的魔鬼，如何左右你內心的信心與恐懼，完全存在於你自己的「動念」之間，任誰也無法左右你的熱情與正面思考的力量。或許你可以嘗試如下各項作些調整，好讓內心的天使經常出現。

1. 雖然不能左右天氣，但你可以調整心情。
2. 雖然不能改變容貌，但你可以展現笑容。
3. 雖然不能逃避現實，但你可以勇敢面對。
4. 雖然不能樣樣如意，但你可以事事盡力。
5. 雖然不能預知明天，但你可以把握今天。
6. 雖然不能改變別人，但你可以改變自己。

當你不斷提醒自己完成目標的好處（有形物質或無形精神）

時，你的工作熱情將不會熄滅；當你不斷提醒自己愛著公司、幫助同事時，對工作的熱情將是一種享受。對人對工作的熱情若能持久，你的人生也隨之光明與希望；反之，對人對工作缺乏熱情產生冷漠，那是對自己生命的懲罰。只有你才能決定你的人生選擇希望或懲罰，聰明的你，將會站在哪一邊？

總而言之，如能掌握了效能、效率與熱情，你的生命將具有價值與活力！

守護時間金科玉律

一、守護時間二十大措施

一天24小時的時間，是正在貶值中，還是升值中，完全操之在你。掌握時間管理的方法，有的是抓住「從源頭管理」，有的「排定優先順序」，或者「持之以恆的紀律」等等，譬如南山人壽的業務經理每天傍晚總要花1小時面牆閉眼，盤腿而坐，來抓出「時間小偷」，這種修煉的方法，已成為頂尖業務員的秘訣。那麼，該如何防止時間被偷走？有效守護時間？

筆者在授課「時間管理」的經驗中，學員常提到浪費時間的項目，不外乎是目標不清、沒有頭緒、胃口太大、危機處理、缺乏自律、檔案凌亂、一再拖延、無法說「不」、授權不力、無意義社交、權責不清、過多的控制與報告、溝通不良、員工成熟度

不高、人力不足、資源不足、無效率會議、耗時的電話、不速之
客等,在整理出守護時間(如**表2-3**)的二十大措施中,第一部
分是來自於「缺乏計畫」;第二部分是來自於「不良自我管理」
(如**表2-4**);第三部分是來自於「對工作環境掌握不夠」(如**表
2-5**)。

表2-3 缺乏計畫

時間小偷	可能原因	如何改善計畫
1. 目標不清	績效的重要性認識不清。 沒有「最後期限」。 腦子雖有目標,卻沒寫下來。	掌握設定目標「Smart」原則。 將目標書面化。
2. 沒有頭緒	資料與文件太多。 害怕遺忘。	靜下心來,3~5分鐘歸類「急重輕緩」的優先順序。 重要的事Memo(便利貼)。
3. 胃口太大	想同時做太多事。 過分地熱心。	一次集中心力完成一件事。 如果別人能解決,就不要插手。
4. 危機處理	無法預估的狀況。 打火式的急救法。	列出潛在問題,採取預防措施。 處理順序如下: (1) 忽略可以延緩的問題。 (2) 授權給他人處理。 (3) 優先處理非你無法解決的問題。

表2-4　不良自我管理

時間小偷	可能原因	如何改善自我管理
1. 缺乏自律	缺乏目標或標準。 晚睡熬夜。 半途而廢。	設定3~9個工作目標。 晚上11點前就寢（早睡早起）。 自我正面激勵。
2. 檔案凌亂	桌子凌亂不堪。 存檔文件太多。 缺少文件管理。	保持桌面簡單乾淨。 80%日常文件第一次處理，不要保留。 文件可歸類為A：立即處理；B：等待處理；C：轉給別人；D：歸檔或丟棄。
3. 一再拖延	害怕失敗。 完美主義者。 逃避不喜歡做的事。	事先規劃困難與障礙的對策。 要求完美總比不上追求完美。 激勵自我完成目標的好處。
4. 無法說「不」	不知道怎麼拒絕。	說「不」時說明理由，並提出替代可行方案。
5. 授權不力	自認能做的更快更好。 不放心部屬能做好。 怕部屬犯錯。	適度地因人授權。 平常多注重部屬培育。 接受可控（隱含）的風險。
6. 無意義社交	希望消息始終靈通。 總是認為對你的業務很重要。	減少浪費在八卦時間。 區分必要的溝通與不必要的交際。

表2-5 對工作環境掌握不夠

時間小偷	可能原因	如何守護時間
1.權責不清	權責配置不當。 重複工作。	明確自己的工作執掌後再執行工作。 取消重複的工作流程。
2.過多的控制與報告	對重要性與急迫性認識不清。	排序事情優先順序,區分輕重急緩,不要只做緊急不重要的事。
3.溝通不良	使用錯誤的途徑。 回饋不足。	選擇適當的途徑(mail、電話、簡報、當面談等) 取得對方覆述回饋,以確保理解。
4.員工成熟度不高	能力不夠。 意願低落。	有計畫培訓員工(OJT、Off-JT、SD)。 激勵員工意願。
5.人力不足	流程繁瑣。 有限人力編制。	工作重新設計或精簡工作流程。 提出擴編人力。
6.資源不足	人力、物力、財力、技術、資訊等資源不足。	有效運用與擴增資源。
7.無效率會議	意圖不明。 時間冗長。 無法總結與後續行動追蹤。	不要開沒有明確目的的會議。 會前充分準備與會中控制時間。 做出總結與分配工作,並後續追蹤。
8.耗時的電話	突如其來的電話。 講電話冗長。 無法結束交談。	不急迫的電話可在零碎時間集中回電。 打電話前做好MEMO,直接說重點。 設定時間限制。
9.不速之客	無法拒絕來訪。 來訪時間過長。	來訪時就站立,而且談話一直站著。 可與來訪說:「我正在忙,我等一下再去找你」。
10.出差旅行	旅途中時間處理不當。 回來時桌上堆滿文件。	隨身攜帶供閱讀、收信、討論的NB或PDA。 安排職務代理人處理相關工作。

現在的你，應該試圖去防範時間小偷，倘若無法守護住時間，很有可能面臨一個事實，那就是「積習難改」，如要改掉壞習慣，可以學習哲學家威廉‧詹姆士（William James）的五大法則。

1. 很清楚地描述想要的目標。
2. 體認改變的困難。
3. 以強烈的態度開始新習慣。
4. 經常做練習。
5. 在習慣行成之前，連一次例外都不允許發生。

如能掌握以上守護時間的二十大措施，以及堅定信心的「change」，相信應該可以遠離又窮又忙的宿命，邁向輕鬆快樂地時間「升值」達人。

二、是誰在偷走了最後期限

在講授時間管理的課程中，發現學員在工作上的進度嚴重落後或未見改善，甚至導致抱怨等等，大部分都是因忽略了完成工作的關鍵——「最後期限」，筆者整理出以下十大要項，現在就請檢視一下你的時間是否被偷走了。

1. 我是否會清楚明白，對方交代最後期限的成果要求程度，不用再浪費時間做無謂的溝通？

2. 如果對方未交代最後期限，我是否會主動與他確認最後期限？

3. 我是否會在行事曆（或筆記本）上，標明最後期限？

4. 我是否會將大目標切割成若干子目標，再為各子目標規劃最後期限，並計算每個子目標所花時間的總和？

5. 我是否會設定一個開始行動日期，以利完成目標？

6. 一旦設定最後期限，我是否會要求自己提前完成？

7. 每完成一個子目標，我是否會階段性地檢視進度，以確保趕得上最後期限？

8. 在執行目標的過程中，預期趕不上最後期限時，我是否會請求主管或同仁協助？

9. 如果預期最後期限無法完成目標，我是否會要求重新評估最後期限？

10. 在重新設定最後期限時，我是否會用更有效率的方法，加快步伐完成？

最後期勉，你能夠做以下兩件事，將有助於提升生命的價值。

1. 不同的人生階段，找一位人物、一本書（可以選擇此書）做標竿學習，而且是專精深入的學習，因為這是最精簡時

效的學習方法。如果你是樣樣都學的博而不精，那只是時間傻瓜的學習方法。

2. 一個月內不要罵同事、罵主管、罵公司、罵政府，因為這種負面「吸引法則」的時間流向，不僅沒有在生命中產生附加價值，反而負面的抱怨能量將會戕害你的生靈。

召開高效會議技巧

一、成功會議的徵兆

「開會！開會！開會！」你是否仔細算過一週內總共開了幾個會？為了會議花掉多少時間？因為開會達成幾項共識？因為開會完成幾個結論？因為開會加了多久的班？因為開會失去多少關鍵時刻？因為開會delay多少工作？你是否也因為要開會而造成工作時間被分割、人多口雜的耗時耗力、沒有產能浪費時間、拖延重要工作或客戶等，但因為需要推銷政策或概念、小組面對面溝通、眾多訊息蒐集與交流、融合意見解決問題、凝聚共識作決議以及公平合理地分派工作等，使得我們不得不開會。

在美國 "Net Meeting" 調查結果，美國上班族每週平均參加十個會議約占每週工作時間一到一天半，經理人每週有一半以上時間在開會，57%的上班族開會前心情緊張，上班族普遍認為平均一半的會議是浪費的，可見高效會議是多麼的重要！那如何來檢

視會議是否成功？筆者就此對高效會議的總體檢，整理出以下的
十大法則，提供讀者參考：

1. 開會沒有明確的目的。
2. 每個主題沒有議程和時間進度。
3. 經常好幾個人搶著說話，結果就遺漏了重點。
4. 討論的事情會偏離主題。
5. 會議過程中有外在干擾（ex：電話、有人找……）。
6. 會議中沒有決議事項。
7. 會議中提不出明確的行動要點。
8. 會議結束超過預期時間。
9. 沒有作會議記錄。
10. 會後沒有去執行與追蹤已確認的行動要點。

　　以上的徵兆如果愈少，會議的成功機率就愈高；相對的，徵
兆如果愈多，會議的成功機率就愈低。除了檢視以上十大法則
外，影響高效會議的關鍵，又以「遲到」最常見，根據研究顯
示，85%以上的企業都有這種毛病。那如何克服「遲到」現象，以
主機板大廠技嘉科技的鐵腕政策為例，他們制定會議出席管理規
範，遲到第一次者罰100元，第二次罰200元，第三次罰400元，累
犯還要加倍。若是副總級以上，遲到罰款要乘以兩倍；會議主持
人遲到，罰款金額為「開會人數乘以100元」。罰款要當場繳交，
全部充當員工福利基金，從此開會「遲到」現象幾乎消聲匿跡。

另外，為了解決會議時間過長的問題，福特六和汽車的內部會議，以「站著開會」的方式來提高會議效率，在開早會的會議室完全沒有桌椅，僅只有一塊白板，使得所有開會的同仁只會盯著白板上的一張紙站著討論事情。如此可以縮短會議時間外，也能讓同仁更專注於議題上，彼此的距離更能靠近，肢體的表達也更豐富了。英國億仕集團（EasyGroup）主席Stelios Haji-loannou也不例外，他通常以站著主持商業會議的方式，迅速地抓住核心進入議題以及精簡會議時程。

除了上述各企業外，甚至還會發現有的企業還明確訂定出如下的「開會十大守則」，以確保會議的成功進行。

第一條：明確議題、目的與議程進行。

第二條：確認齊備資料。

第三條：全員參加討論。

第四條：會議中不接聽電話。

第五條：傾聽發言者的意見與主張。

第六條：發言簡潔扼要（一次約一分鐘）且具建設性。

第七條：發言時不偏離主題。

第八條：結束前導出會議結論（最好在規定時間的3~5分鐘前結束會議）。

第九條：絕不推拖分配的工作。

第十條：整頓環境與恢復原狀（清理、熄燈、關空調與門窗等）。

二、會前充分準備

在召開會議之前，充分的準備是極為重要的，就如最有執行力的CEO統一星巴克總經理徐光宇也不例外，他通常在開會之前，會做萬全的準備工作，並且一定都打好草稿，才去跟員工溝通，否則浪費大家的時間，決策也容易出錯。那如會前準備需確認哪些事項，以下提供參考：

1. 確認是否需開會？可否用電話或視訊替代。
2. 訂定會議目的？ 是要推銷政策、訊息交流、解決問題，還是凝聚共識。
3. 決定會議型態？法定性會議、例行性會議、專業性會議。
4. 議題與時程？每次會議不超過兩個議題為原則。
5. 選定出席與列席人員？
6. 確認日期、時間、地點？
7. 主席與出席人員準備資料？（在授課經驗中，發現此項是企業常忽略的）
8. 出席人員對議題的支持程度？
9. 預發會議通知？（如**表2-6**）
10. 場地布置與設備是否齊全？

表2-6　會議通知書

會議議題：	
目的：	
時間：	地點：
主席：	記錄：
出席人員：	
列席人員：	
會議程序：	
事先準備事項（資料）：	
備註： 1. 以上人員是否參與會議，請於三日內回覆確認。 2. 若無法參與會議可指派代理人參與。 3. 建請同仁準時參與開會，「逾時不候」，敬請見諒！	

尤其是第8項「極」為關鍵，如果會前有半數以上參與成員支持此議題，那麼這次的會議已經成功一大半了。回顧過去在從事人力資源工作時，經常推動人資改革專案，必須與各事業部長開會討論，每次開會7位事業部長各有獨特的看法，造成會議時間冗長，並且很難達成共識。於是轉換了作法，在開會前做準備，與7位事業部長各別充分地溝通，至少取得4位事業部長（一半以上）的共識後，再來協調發開會通知，等到開會時後，已經掌握至少一半以上成員的共識，如此的會議進行就順暢很多了，參與人員幾乎能在60~90分鐘內達成共識，並且結束會議。

也就是說，會前充分的準備特別重要，如能在會前掌握至少一半以上的共識，開會只不過是照著共識的劇本進行而已。倘若在會中有少數提案無法取得共識，千萬不要一直再開會下去，這樣會造成時間的延長或者勉強的接受提案，使得後續的執行力不彰。那該如何克服？可以將共識部分告一段落，並結束會議，未共識的部分，會後再來進行各別溝通協調。所以，開會的秘訣在於「三分會前會、一分會中會、三分會後會」，會議的進行只不過是其中的一部分，會前與會後的各別溝通協調才是成功的關鍵。

三、主持會議四大程序

主持人在會議的成敗中扮演著極重要的關鍵角色，必須負責執行一切程序的進行，促使每位成員參與發言，克服干擾，維持

秩序，總結議題決議，以及完成各項會議目標，確保會議有效進行。在主持會議的技巧上，應掌握導入議題、引發意見、導出結論及分配工作等四大程序（如**表2-7**）。

會議主持人在總結各項議程並記錄在案後，便可決定是否需要再次開會，若需要的話，趁全體與會人員在場時，確定好下次會議的時間與地點。儘量讓會議在積極感謝的氣氛中結束，有鼓勵出席者在將來的會議上能夠踴躍地發言，在會議結束前十分鐘，紀錄者可將編寫在NB上會議記錄（如**表2-8**），先讓所有與會

表2-7　主持會議四大程序

程序（步驟）	主要內容
一、導入議題	1.閒聊共通話題，問候（破冰）2~3分鐘。 2.輕鬆開放的態度，營造自由發言氣氛。 3.明確表達議題的緣由與目的。 4.說明會議的時間程序與進行方式。
二、引發意見	1.依據討論議題之順序，促使出席者提出意見。 2.引導出席者發表意見。 3.克服干擾與異議。 4.整理發言內容避免離題（可運用白板或NB）。
三、導出結論	1.歸納各項提案的優缺點。 2.尊重少數人意見。 3.決議取得結論內容。 4.覆述結論事項。
四、分配工作	1.說明應執行事項。 2.進行工作權責分配與完成期限。 3.取得出席人員的共識。 4.積極氣氛致謝結束。

者過目，會議結束後同步發送給與會者。（有的企業是三天內發
送會議記錄）

表2-8　會議紀錄

會議議題：			
時間：		地點：	
主席：		記錄：	
應出席人員：			
實際出席人員：			
缺席人員：			
決議事項：			
未決議事項：			
後續執行工作	主辦	協辦	完成日

會後自我評估改善 ————————

一、自我評估十大要項

　　會議結束後，可以進一步自我評估開會的能力，以利作為檢討與改善。如果是身為會議主持人，可以有以下十大要項的自我評估：

1. 會前是否充分準備資料。
2. 會議是否準時開始。
3. 會議開始時，是否向全體與會者請楚說明會議目的。
4. 是否自然地誘導與會人員發表意見。
5. 是否對待每位與會人員都有平等的發言機會。
6. 會議受干擾時，是否會適切地排除或處理。
7. 是否歸納討論重點付諸決議，並且導出結論。
8. 是否與會人員欣然接受分配的工作要點。
9. 是否遵守議程進度，並且在預計時間結束會議。
10. 是否及時寄發會議記錄。

　　如果是會議的出席人員，也可以掌握以下十大要項來進行自我評估。

1. 會前是否充分準備資料。

2. 是否準時開會與遵守議程時間。

3. 是否尊重主席主持議事規則。

4. 在參與討論時，是否具體陳述事實、理由與建議。

5. 是否發言簡潔扼要，且不脫離主題。

6. 是否不炫耀自己意見。

7. 是否不涉及人身攻擊的發言內容與態度。

8. 是否充分尊重與傾聽他人發言內容。

9. 是否對他人發言不作情緒化的批評與指責。

10. 是否不推拖分配的工作。

　　除了會後的自我評估十大要項外，在筆者的經驗中，另外還會思考如下十大要項，來作自我改善。

1. 會議主持人是否稱職？哪些部分主持的好？哪些部分主持的不好？

2. 會議參與人員表現的如何？哪些人員表現的好？哪些人員表現的不好？

3. 會議中有哪些提議未被採用？為什麼？

4. 會議中是否有被干擾？如何克服的？

5. 會議中的結論，哪一個最令人滿意？為什麼？

6. 會議中的結論，哪一個最令人不滿意？為什麼？

7. 會議中的結論，是勉強被接受？或具極高的共識？

8. 會議中的決策處理過程，有哪幾個部分可以做的更好的？
如果需要改善，方法為何？

9. 會議中分配的工作？哪些是我負責的？需要與誰合作完成？

10. 會議中分配到的工作，最後完成期限為何？

其實，每一次的會議都是寶貴的學習經驗，周遭所發生的人事時地物，也是我們值得觀察、思考、疑惑、領悟以及運用的對象。

二、會議管理PDCA

在課堂中的學員反應與回饋中，發現會議結束後最被忽略的是沒有去執行與追蹤在會議中被確認的行動要點，因此整個會議管理如能以PDCA（如**表2-9**）來規劃與運用，將會更具完整與改進。

如果再提到開會，你是否還會感到全身無力，總覺得一直以來，開會都在浪費時間，會而不議、議而不決、決而無果、果而不行，或行而無法落實。其實，只要掌握以上會議管理PDCA的技巧，會議也可以既有效率，又開得很有意義。

表2-9　會議管理**PDCA**	
一、會議的準備（Plan）	
1. 確定議題	(1) 確定會議目的。 (2) 是否必要開會。
2. 會議的類型	法定性會議、例行性會議或專業性會議。
3. 擬定議程	(1) 時間與進行多久。 (2) 地點（場所）。 (3) 主席（主持人）、記錄。 (4) 出席與列席人員。 (5) 會議程序（進度計劃）。
4. 準備資料	(1) 提供與會人員資料。 (2) 準備說明簡報資料。
5. 支持程度	(1) 拉幾位認同的盟友。 (2) 預估出席人員的支持程度。
6. 會議通知	寄發會議通知書。
7. 會場布置	(1) 座位（不可太舒適）。 (2) 避免干擾（電話、噪音）。 (3) 空調溫度。 (4) 準備會議用具：投影機、筆記型電腦、投影筆、白板、白板筆、海報夾、茶水等。
二、會議的進行（Do）	
1. 導入議題	(1) 問候（破冰）。 (2) 明確表達議題目的與程序
2. 引發意見	(1) 開放式發問。 (2) 封閉式發問。 (3) 克服會議干擾。 (4) 運用白板整理發言。
3. 導出結論	(1) 選定決議方式。 (2) 覆述結論事項。
4. 分配工作	(1) 權責分配主辦與協辦。 (2) 明訂後續工作完成日。
三、會議的檢視與改善（Check、Action）	
1. 評估會議狀況	(1) 主席自我評估。 (2) 出席人員自我評估。 (3) 決議的方式（主持人、多數、妥協、共識）。
2. 及時寄發會議記錄	
3. 追蹤後續工作執行進度	
4. 進行溝通未共識部分	

 策略性的思考與執行

一、回顧自己時間的流向與運用，該如何發展出「平日」的活力
　　週期？「假日」的活力週期？（可參考文中的**表2-1**）

二、檢視自己的工作時間，前三項浪費時間的項目為何？分別採
　　取何種措施來解決？（可參考文中的**表2-3**）

三、檢視自己的會議管理PDCA，如有成效不彰，前三項原因為
　　何？分別採取何種方式來克服？

PART 2 專注成果（事務導向）

CHAPTER 3 授權分配與排序

CHAPTER 4 問題解決與改善

CHAPTER 3 授權分配與排序

管理心法

主管人員是否能充分地授權，完全取決於部屬的成熟度，以及作業標準程序（SOP）的完整性。

~石博仁

本章的管理職能發展，依序分為學習、運用、指導與卓越四大階段。

職能階段	階段說明
Level 1. 學習階段	尋求授權的方法與步驟，無法有效分配工作與承擔責任。
Level 2. 運用階段	掌握他人的意願與能力，授予工作與支持，並建立有效程序與權責。
Level 3. 指導階段	激發他人意願，接受更高的挑戰工作，並影響他人完成任務。
Level 4. 卓越階段	充分地信任與支持，進而有效地運用策略性的思考與規劃。

> 有效地授權，對公司、主管及員工三方都有好處。在公司方面，授權可以增進整體團隊的工作績效及士氣；在主管方面，授權可以挪出較多工作時間來作策略性的思考與規劃；在員工方面，授權可以讓他們促進學習成長和提高工作意願。因此，授權是主管人員必備的管理職能之一。

領導授權準備工作

一、何謂領導授權

卓越的管理工作主要是藉由他人來完成任務，並非把所有事項獨攬於一身；相對地，有效地領導授權部屬，分配適當的績效目標，共同完成組織的績效目標，是成為卓越管理人員非常重要的管理職能之一。

那麼，什麼是領導授權？根據《韋氏字典》的定義如下：

1. 委託他人做某事。
2. 指派某人為另一人的代表。
3. 分派任務或權利。

領導授權對於主管人員而言，不但可以減輕工作負擔、補救自己不足與發揮他人專長、提升與部屬的信任與溝通、增進團隊

合作、達成績效目標能力、培育幹部儲備人才，進而提升組織效能與效率；對於部屬而言，可以強化責任心與工作熱忱、增長知識技能以及讓工作更有成就感。所以，有效地領導授權，對於主管人員與部屬之間的互動過程，勢必將有助於組織良性的成長。

二、領導授權八大盲點

有時候主管人員明知要授權，但又不敢付諸行動；有時候才剛授權委託任務，一下子又擔心起來。總而言之，主管的領導授權還是有些盲點，比如：

1. 擔心部屬做錯事，對他沒有信心？
2. 自己做比部屬更好與更快？
3. 我喜歡照我的方式去做？
4. 增加工作給部屬會造成他不高興？
5. 擔心部屬鋒芒畢露搶功勞？
6. 找不到可以授權的部屬？
7. 向部屬說明清楚如何做，倒不如自己親手做還要快些？
8. 擔心沒分配到任務的部屬心生忌妒？

以上這些盲點都讓想嘗試授權的主管人員打了退堂鼓，但無論如何，要克服這些困難與障礙，首先要明確劃分哪些可以授權、哪些不可以授權（如**表3-1**）。

表3-1　可以或不可以授權

可以授權部分	不可以授權部分
1. 與部屬工作執掌有相關性的。	1. 人事或機密的。
2. 瑣碎的或耗時的。	2. 緊急（危機）處理問題。
3. 專業性強的。	3. 明文記載核決權限。
4. 大目標的若干小目標。	4. 老闆交辦您親自處理。
5. 收集相關資料。	5. 太超過部屬能力所及。
6. 草擬整份報告或是報告的主要部分。	6. 複雜的溝通與交涉。

三、盤點部屬的SWDP

　　在授權之前，是否充分地了解每個部屬？他們的優勢領域為何？劣勢不足為何？內心渴望的或恐懼排斥的？所以，如**表3-2**提供盤點部屬的SWDP，是一項相當實務的準備工作。

表3-2　盤點部屬SWDP

S（strength）：優勢領域	W（weakness）：劣勢不足
D（desire）：內心渴望	**P（phobia）：恐懼排斥**

表3-3 SWDP矩陣分析

SWDP 矩陣分析	S（strength） 優勢領域	W（weakness） 劣勢不足
D（desire） 內心渴望	SD策略 發揮部屬最大效能的規劃方向	WD策略 提升部屬能力的規劃方向
P（Phobia） 內心恐懼	SP策略 提升部屬意願的規劃方向	WP策略 權變移轉部屬的規劃方向

盤點了部屬的SWDP後，應可進一步地規劃策略性的SWDP矩陣分析（如**表3-3**）。

四、盤點部屬的意願與能力

除了上述提供部屬SWDP及矩陣分析外，主管人員也必須了解每個部屬的成熟度（成熟度＝意願×能力），也就是部屬的意願程度為何，以及部屬的能力程度為何，因為部屬的成熟度愈高，授權的比重也愈高；相反地，如果部屬的成熟度愈低，那麼授權的比重就會愈低。而部屬的成熟度，即意願與能力，說明如下：

1. **意願**：是指部屬是否有意願從事該工作。例如：企業的使命與願景，以及部屬個人的價值觀、無形的好處、有形的好處與自信心等，都會影響著部屬的意願程度。

2. **能力**：是指部屬的能力是否能勝任該工作。也就是部屬的知識、態度與技能所展現的行為，對於解決「事」、處理「人」以及組織系統思考等能力的程度。

　　關於部屬成熟度的發展（development）階段可參照賀希（Paul Hersey）與布蘭查（Ken Blanchard）的情境領導模式，分為D1、D2、D3、D4等四個程度。

　　D1部屬（熱誠初始）：大部分的新進員工，多半是維持在高
　　　　　　　　　　　　意願、低能力的階段。

　　D2部屬（美夢乍醒）：進來公司1~3個月後，進入低意願、
　　　　　　　　　　　　低能力的階段。

　　D3部屬（勉強貢獻）：年資約6~12個月，已有中高能力，但
　　　　　　　　　　　　意願仍處於不穩定，如果主管重視他
　　　　　　　　　　　　的能力與做法，則意願會偏高；倘若
　　　　　　　　　　　　不重視他的能力與做法，則反之。

　　D4部屬（顛峰表現）：年資約1~3年，將能展現高意願、高
　　　　　　　　　　　　能力。

　　從D1、D2、D3到D4所需經歷的時間會因人而異，端視個人的「調適能力」與工作「複雜度」而定，有的D1到D4只需要半年，有的甚至三五年。但原則上，每個人的D1、D2、D3到D4四大階段，所展現的意願與能力的高低，幾乎是接近的。筆者引用賀希（Paul Hersey）與布蘭查（Ken Blanchard）的情境領導模式，繪製如**圖3-1**。

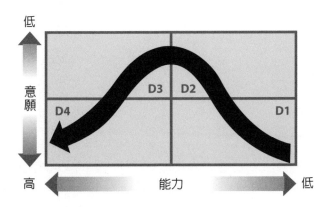

圖3-1　部屬發展四大階段

資料來源：賀希（Paul Hersey）與布蘭查（Ken Blanchard）的情境領導模式。

　　總而言之，主管人員在授權部屬的考量因素，無論是展現最佳成果、培訓部屬能力，還是評估部屬績效等，都必須隨時盤點部屬的意願與能力的發展程度，才能掌握因人、因時的權變領導與授權。

權變領導四大模式

一、為權變領導的「信任度」加分

　　權變領導與授權最重要的核心價值是「信任」，若無「信任」的基礎，後續的權變領導勢必會大大打了折扣。所以，卓越

主管人員平時必須檢視部屬對你的信任程度，以下做的行為，愈多將會為你的信任度加分。

1. 我有堅定的價值觀（例如：誠信正直、積極主動、正面思考）？
2. 我對他人做出的承諾，一定言出必行、說到做到？
3. 我對自己不知道的事會坦承不諱，無須故意裝懂？
4. 我會向他人坦承錯誤，並從中學到教訓？
5. 不分階層、外貌、學歷或財富的高低，我會一視同仁對待？
6. 不論他人（當事人）在不在場，我的評論前後是一致的？
7. 在他人遭冷落時（或落難時），我仍對他不離不棄？
8. 當他人犯錯時，我會以適當的方式主動指正他？
9. 我樂於與他人分享資訊、人脈與工作相關等資源？
10. 我會讓週遭的人有成長的機會，而且一天比一天更好？

主管人員在與部屬的權變領導行為中，如果有產生恐懼、緊張、急躁、鄙視、冷酷、挑戰、打斷、刻板、嚴厲、插嘴、辯解、爭辯或侮辱對方等現象，則你的「信任度」將會減分；如果有產生自在、輕鬆、舒適、友善、溫暖、傾聽、明白、自由開放的說話或針對事件不攻擊別人等現象，則你的「信任度」將會加分。

二、權變領導兩大行為展現

　　主管人員對部屬的領導行為展現，筆者引用賀希與布蘭查的情境領導模式，分為工作行為與關係行為兩大部分。

□ 工作行為

　　主管人員提供任務指示的多寡，向部屬說明為什麼（Why）、誰來做（Who）、做什麼事（What）、何時（When）、何處（Where）、如何完成（How），以及做到什麼程度（How much）。也就是掌握「5W2H」的原則，向部屬講清楚、說明白，利用以下的各項工作行為，來具體展現。

　　1. 指令下達誰來做。
　　2. 明確指出部屬要做的事。
　　3. 條列說明工作重點與程序。
　　4. 設定完成時間，並做檢視。
　　5. 教導部屬如何完成工作。
　　6. 明確指出部屬工作問題。
　　7. 請部屬確認明白工作指示。

☐ 關係行為

　　主管人員提供感情支持的多寡，向部屬詢問意見及心理上的安撫，並鼓勵或誇讚他的行為，同時尋求進一步更親近的關係。可利用以下的各項關係行為，來具體展現。

1. 徵詢部屬意見。
2. 維護部屬自尊的行為。
3. 肯定部屬具體行為表現。
4. 安撫部屬情緒。
5. 協助部屬解決困難。
6. 鼓勵部屬提出工作構想。
7. 誇讚部屬貢獻。

　　主管人員提供部屬的「工作行為」與「關係行為」，這兩個因素之間的關係，可以由部屬發展的四大階段所組成的矩陣來表示。筆者引用賀希與布蘭查的情境領導模式，繪製如**圖3-2**提供參考。

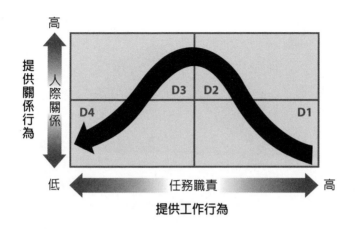

圖3-2　主管人員領導行為矩陣分析

資料來源：賀希（Paul Hersey）與布蘭查（Ken Blanchard）的情境領導模式。

　　主管人員應隨著部屬的發展階段，不斷地調整領導授權模式，適時地依部屬不同的成熟度，增加或減少工作行為與關係行為。也就是說，依照部屬的成熟度找出最適當而有效的領導授權模式（Style）。筆者引用賀希與布蘭查的情境領導模式，可將領導授權分為四大模式，繪製如**圖3-3**，分別說明如下：

1. S1**指揮式**：高工作行為與低關係行為。主管人員提出決策，並講清楚、說明白，由部屬去執行。無論部屬理解或不理解，他都要去執行。
2. S2**教導式**：高工作行為與高關係行為。主管人員制定決策，向部屬說明與推銷決策方案的原由。

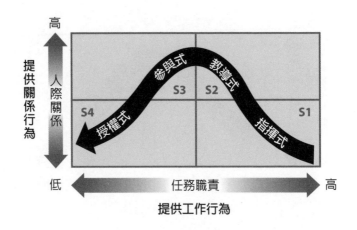

圖3-3　主管人員領導授權四大模式

資料來源：賀希（Paul Hersey）與布蘭查（Ken Blanchard）的情境領導模式。

3. **S3參與式**：高關係行為與低工作行為。主管人員提出決策
草案，交由部屬討論後修改；或者主管人員提出問題，廣
泛徵求部屬意見和建議後決策。

4. **S4授權式**：低關係行為與低工作行為。主管人員容許部屬
在一定的組織職權範圍內自主決定。

三、授權績效目標四大模式

筆者引用賀希與布蘭查的情境領導模式，整理出主管人員可
依照部屬發展的四大階段，相對應地發展出授權績效目標四大模
式（如**圖3-4**）。接下來，再由授權績效目標四大模式，詳細說明
授權部屬的要領（如**表3-4**）。

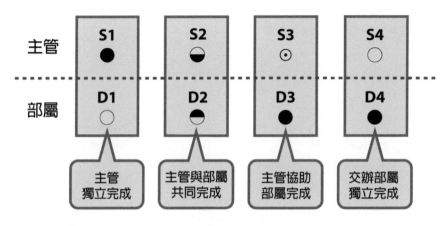

圖3-4　授權績效目標四大模式

　　權變領導與授權績效目標是一個既複雜又困難的領域。很少
人能夠一次就做對了，而幾乎沒有人能永遠做對。必須在實際帶
領部屬的工作中不斷地練習判斷「部屬發展階段」（D1、D2、
D3、D4），並適切的調整領導授權模式（S1、S2、S3、S4），透
過「領導模組→實務運用→反覆練習→內化回饋」的體驗，必能
邁向卓越授權與分配的康莊大道。

表3-4　授權部屬要領說明

部屬發展階段	關鍵要素		授權部屬要領說明
	能力	意願	
D1 （S1指揮式）	低	高	有效地密切控制其部屬之工作，並迅速糾正及重新指示工作表現上之缺失。使部屬很清楚知道必須做的事，以及強調標準程序的運用與截止期限的重要性。D1部屬無法授權目標或頂多分擔部分目標。
D2 （S2教導式）	低	低	有效地表達對於工作及關係的重視，花較多的心思在友善關係上的對談，同時也確定部屬清楚知道他們的職責以及被要求的表現標準，並詢問部屬的意見納入決策之參考，但領導者仍維持全面性控制。D2部屬可以協辦共同目標，並且討論執行過程與細節，密集追蹤執行進度。
D3 （S3參與式）	高	不穩	有效地讓部屬自行決定角色及排序他的工作，允許部屬設定自己的目標，鼓勵與支持他的貢獻，並重用他的專長與能力，只有當被要求時才提供指導。D3部屬可以獨立設定目標，不干涉他的執行細節，檢核執行目標階段性要點，並可要求提報改善目標
D4 （S4授權式）	高	高	有效地讓部屬自行發掘問題並尋求解決方案，不干涉事情發展以避免衝突，同時也不施加壓力尊重他的決定與行動步驟，僅需他回報工作成果。D4部屬可以主辦共同目標，並尊重的執行方法，並可委以重任負責改善目標與革新目標。

有效排序工作計劃

一、為何要編寫工作計劃

工作計劃是一種由原先設定的績效目標，展開工作的準備與排序，例如資源的有效運用與配置、完成期限、克服困難障礙，以及進行的方法與步驟等。工作計劃對於卓越主管人員而言，實際上就是對自己工作的一次盤點，讓自己做到完整地思考整體組織的運作。無庸置疑地，工作計劃是卓越主管人員積極走向完成績效目標的起點。

組織規模小的時候，工作較為精簡，存在的問題並不多，溝通與協調起來也比較簡單，只需要少數幾個主管就可以把發現的問題解決了，工作計劃還沒那麼重要。如果組織規模愈來愈大，部門多了，人員也多了，工作較為複雜，相對地，問題也增加了，溝通與協調上也更加困難，此時就顯現出工作計劃的重要性。也就是說，對於組織不斷地擴大以及人員不斷地增加而言，工作計劃就顯得特別重要了。

主管人員有了工作計劃以後，就能夠進一步授權部屬分配績效目標，不用再無時無地叮嚀或吩咐，只需要在某些階段性的檢核或決策上的請示就可以了。因此，透過工作計劃做到整體組織的統籌安排，部屬的工作效率自然也就提高了，也使得部屬被動

等事做轉換為自動自發地做事。

　　有人常說：「計劃趕不上變化，變化搭不上老闆一句話，尚且還來不及客戶一通電話。」寫完計劃還不是變來變去，又何須編寫呢？但冷靜思考後就能清楚明白，如果不好好妥善統籌安排工作計劃，又如何安心地因應事情的變化，以及滿足顧客的需求？雖然編寫工作計劃需花時間且有點繁瑣，但無論如何它卻是做好最佳工作準備的妙方。

二、編寫工作計劃六大程序

　　工作計劃不僅只是「寫」出來的，更重要的是「做」出來的，更何況工作計劃的內容必須遠遠凌駕於形式上的編寫。所以，簡單、清楚、可行以及實在的內容，是工作計劃的基本要求。那麼，主管人員如要做出一份卓越的工作計劃，就必須要包含以下的六大程序：

1. **設定績效目標**：工作計劃應訂定出在一定時間內所完成的目標、任務以及要求。績效目標的描述應該具體明確，有的還要定出數量、程度和時間要求。也就是要符合第7章所掌握的「Smart」原則。
2. **具備哪些要素**：完成績效目標必須要具備哪幾個條件，以及可行性方案。在這個程序會發現有些要素是自己部門可以解決的，而有些要素是需要跨部門來合力促成的。

3. **有哪些困難與障礙**：常言道：「千金難買早知道」，大部分的人都曾經在執行績效目標的過程中，才發現其中的困難與障礙，事後在來採取補救的措施，造成階段性的時效有所遞延。如果能在執行績效目標前，事先規劃好可能發生的有哪些困難與障礙，除了可以掌握時效外，對於執行績效目標的信心也會大大增加。

4. **解決的措施與方式**：主要是運用一些資源（人力、物力、財力、技術、資訊等），創造出有利的條件來排除那些困難與障礙，進而幫助達到績效目標。

5. **行動步驟與分配工作**：由以上「達成績效目標具備哪些要素」，以及「解決的措施和方式」的思考與規劃後，行動步驟的安排大可呼之欲出了。這些行動步驟都必須有時間完成與任務安排，再依急迫性與重要性來排定優先順序，在執行的過程中也都有階段性，而每個階段又有許多環節是互相交錯的。

6. **檢視工作進度**：尤其是KPI重要專案或菜鳥人員，在工作進行的過程中，檢視的頻率愈高，達成目標的績效就愈高。如能設定階段性檢核點check point，將可確保工作進度的有效達成。

　　任務的分配有主辦與協辦，主辦人員是老鳥，協辦人員是菜鳥，這樣可以讓菜鳥在執行目標的過程中邊做邊學習（是最有效果的OJT線上學習）。除此之外，也降低了人員請假或離職所造成執行遞延的管理風險。主管人員可將編寫工作計劃的六大程序，付諸於簡單可行的「績效目標計劃與執行表」（如**表3-5**）。而如能將績效目標切割成若干小目標，不失為有效達成績效目標的好方法，尤其是重要專案或菜鳥成員的工作計劃，更需要緊密性地追蹤，將月份切割成週或日的「工作計劃進度表」（如**表3-6**）；如果你的部屬是菜鳥成員，對於工作計劃的焦點應著重在「教導」與「檢核」，並製成「績效目標執行檢核表」（如**表3-7**）。

表3-5　績效目標計劃與執行表

1.設定績效目標（Smart原則）							2.具備哪些要素				
3.有哪些困難與障礙							4.解決的措施與方式				
5.行動步驟	100年						主辦	協辦	預定完成日期	追蹤日期	實際完成日期
	1月	2月	3月	4月	5月	6月					

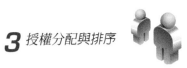

表3-6　工作計劃進度表

工作項目	第一週							第二週							第三週							第四週						
	一	二	三	四	五	六	日	一	二	三	四	五	六	日	一	二	三	四	五	六	日	一	二	三	四	五	六	日

表3-7　績效目標執行檢核表

日期	檢核項目	檢核方式	相關人員

自我管理七大步驟

　　管理大師彼得‧杜拉克在《二十一世紀的管理挑戰》一書中，寫道：「有偉大成就的人，向來善於自我管理。然而，這些人畢竟是鳳毛麟角。但在今天，即使是資質平庸的人，也必須學習自我管理。」再者，香港首富李嘉誠也指出，卓越管理人員首要任務，就是要知道自我管理是一項重大責任，在流動與變化萬千的世界中，發現自己是誰，了解自己要成什麼模樣，都是建立尊嚴的基礎。自我管理是一種自我價值的認知，以及對績效目標的自我控制與有效執行，如果徒有工作計劃而缺乏自我管理，執行力終究將會大打折扣，可見自我管理的重要性。

　　卓越主管人員深知自己才是自己的敵人，自己也是成功的絆腳石，唯有做好「自我管理」才能「自我了解」、「自我發展」、「自我實現」與「自我超越」。那該如何做好「自我管理」？筆者提出以下：一切自律開始、堅定價值理念、設定績效目標、選對擅長領域、找出適合方法、標竿學習成長及平衡身心健康等的成功七大步驟（如**表3-8**），以供讀者參考依循。

表3-8　自我管理七大步驟

步驟	重點說明
一、一切自律開始	先說服自己，對自己要求是為自己好，例如整潔的服裝儀容、規律的生活作息、優雅的言行舉止，以及控制自己的情緒、欲望、情慾、感情等，並對自己的金錢消費與行為習慣作好有效管理。
二、堅定價值理念	價值理念是意識的導引，也是卓越管理人員的核心價值，達成願景、目標所依據的價值認定與行為準則。中外歷史中，所有對人類文明有重大影響的人物，幾乎都有著極為崇高而清楚的價值理念，例如誠信正直、正面積極、守時守信等。
三、設定績效目標	設定明確的績效目標會使努力有方向且更有力量，其中大目標必須切割成若干小目標，藉由每一階段小目標的達成來確定完成大目標。
四、選對擅長領域	一個人的精力必須用在自己擅長的領域上，並且以適合自己能力的方式工作，才會有卓越的表現。
五、找出適合方法	每個人的做事及學習方式不盡相同，掌握適合自己的學習方法才能有效學習。別急著嘗試改變自己，應該集中精力改善你已經具備的技能，並接受符合你自己獨特且適合的工作方法。
六、標竿學習成長	學習也是要有目標的，可以選定一位標竿人物、一本標竿書籍好好地深入學習探討，並付諸實踐於工作與生活上。
七、平衡身心健康	身體健康的兩大要素為運動與飲食。調劑心理可以藉由休假、運動，或是坦然面對，來適時紓解自己的壓力，以期使自己走更遠更長的路。

　　自我管理是一項看重自己的責任與尊嚴，在競爭激烈的環境中，自我探討地了解自己的定位為何？工作的價值為何？應該做

的業務是什麼？身為卓越主管人員，自身的意願、能力、檢討反思與改善進步是相當重要的，即時學習自我管理是「達成績效目標」的墊腳石，並且也能有效地落實工作計劃的「執行力」，因為在過程中所帶來的成就與榮譽將指引你大步向前！

關於自我管理的部分，特別要補充的是「管理贏在簡單做」。回顧筆者的職涯工作以來，始終以「簡單」二字為最高指導原則。無論碰到任何事，就反問自己：「我們能採取什麼樣的簡化方法，並且能輕鬆愉快的付諸執行？」而且每天自問這個問題，以期來改進教學與著作的效益。

許多人以為把全部資訊丟給每個人，就可以將複雜事情變得清楚明白。實際上，這種作法只有讓人更迷惑而已，甚至稀釋傳達資訊的核心價值。身為主管必須兼顧專注與清楚，化繁複為簡化，並且賦予組織執行的力量，如能掌握「簡單」原則，也就如同掌握了執行力。

知名家具公司IKEA的企業文化手冊中，也明確載明著「簡約是一種美德」的準則，並指出「結構複雜意味著組織癱瘓」、「簡潔才能給我們力量」，已經把「簡」作為該公司的管理哲學與文化理念。遠近馳名的Nike公司，其管理理念也一直提倡「用簡單方法做對的事」，Nike公司的Logo「飛天勾勾」，就是秉持著這樣的理念所構思設計出來的，它代表著一種速度、年輕、時尚、品質的象徵。

可想而知，「簡單就是力量」；簡單是減輕工作的力量（對於不重要事項）；簡單是加強工作的力量（對於重要事項）；

「簡單」它帶來聚焦，讓人一目瞭然，甚至無遠弗屆。簡單，也是一種企業有效運作的思維架構，主管人員的重要職責是持續地與部屬相互回饋，使得執行的過程中減少疑惑與混亂，並且能夠更為簡易、迅速、有效。

　　「簡單的事盡快做，簡單的事認真做，簡單的事重複做」（養成好習慣），因為「簡單重複做」創造了無數成功的人物與偉大的企業，如果能好好地享受簡單的工作與生活，這種的自我管理，真的是一種自在與幸福。

 **策略性的思考與執行**

一、以自己部門單位的同仁為例，盤點一下他們的現況分別處於
D1、D2、D3或D4？你對應的領導授權模式是否為S1、S2、
S3或S4？是否需要調整你的領導授權行為？

二、部屬的發展階段依序分別為D1、D2、D3與D4，是否會從D4
倒退至D3、D2或D1？如果會倒退的話，主要是哪幾個原因造
成的？

三、在編寫工作計劃的六大程序中，你認為哪幾部分較為重要？
哪幾部分常被忽略？為什麼？

CHAPTER ❹ 問題解決與改善

---管理心法---

問題解決與改善的關鍵在於決心與方法，感覺困難，代表能力不夠；感覺麻煩，代表方法不對。

~石博仁

本章的管理職能發展，依序分為學習、運用、指導與卓越四大階段。

職能階段	階段說明
Level 1. 學習階段	具備普通的知識與技能，可處理一般問題與例行性的工作。
Level 2. 運用階段	運用有系統的思維，推演出具邏輯性的結論，以確認原因或結果。
Level 3. 指導階段	洞察問題的深度見解，快速發掘問題關鍵，掌控解決問題之時效性。
Level 4. 卓越階段	簡化複雜的情況與問題，創造與決策共同可接受的流程或模式。

■ 你是否老是靠著直覺解決問題，還是沿用以前的舊有框架。不要再被
　現象的糖衣所矇蔽了，本章將帶你深入探討解決問題的方法與步驟，
　也就是對於問題的思考、分析、歸類與評估，尋求最可行的解決方案
　以及出奇制勝的決策模式。

■ 如能養成敏銳的觀察力、傑出的思考力以及卓越的問題解決力，到哪
　裡都會被企業以禮相迎，因為追求成長的動力是永不停歇的，改善也
　是永無止境的。

釐清現象定義問題

一、問題解決的重要性

　　企業面臨瞬息萬變，主管人員如何有效的因應組織變革，找
出問題，進而解決困境的能力，其中的關鍵就在於「問題解決與
改善」這項職能。經「企業20大職能」調查統計，「問題解決」
以25.3%的重要性排名第一，顯示企業相當重視員工的辨識、分析
與解決問題的能力。管理大師大前研一在《即戰力》一書中，將
「問題解決力」列為新世代菁英的必備能力之一。另外，再以曾
獲得「亞洲最佳雇主」殊榮的福特六和來觀察，所有的員工必須
接受「問題解決」線上學習，如晉升到工程師則另需安排8小時的
訓練課程，在訓練的過程中，不僅上完課要寫書面報告，問題發
生時也要進行做簡報。就金融業來觀察，銀行內控問題備受各界

關注，只要某個環節出現瑕疵問題，很可能會造成銀行的損失，甚至影響商業信譽。因此，不分產業性質，企業相當重視「問題解決與改善」。

二、問題的類型

解決問題的首要步驟，應該是先自問「到底問題出在哪裡？」「什麼才是問題？」由感受到問題的存在開始，再進一步探討問題的類型，這種不斷自己問自己的「質問能力」，也是不可或缺的自我訓練。當以下兩個狀況其中之一發生時，企業的問題就顯現了。

第一種狀況：現況（實際狀態）與標準作業程序（SOP）之間有「落差」。例如：一件包裝的標準作業流程需要3小時完成，有一次，某員工卻花了近5小時才包裝完成，這種進度的「落差」，是一種問題。

第二種狀況：現況（實際狀態）與目標值（或關鍵績效指標）之間有「落差」。例如：預計今年第一季營收1億，但到季末結算，實際營收只有7,000萬而已。這種營收目標的「落差」，也是一種問題。

在被授課的企業當中，對主管人員而言，面臨解決的問題大都以第二種狀況居多。

那企業所發生的問題，有哪幾種類型？一般企業可能會發生的問題，其類型可分為三種：

1. **發生型（救火型）的問題**：探究過去原因即可馬上解決，例如表單填寫錯誤立即更改填妥，或簡報字體太小即時編排調整等，在幾分鐘或一兩天內就可以看到解決成效。

2. **探索型（檢討型）的問題**：探究過去所發生的原因，必須花費一段時間才能找出原因與改善對策，並且有效解決，例如不良率的升高、客訴事件的增加等類型的問題，很可能需要在半個月甚至到半年，才可看到解決成效。這類問題大都由企業主管人員（組級至經理級）或儲備幹部解決，他們通常依照描述現象、定義問題、分析原因、擬定對策，以及行動追蹤與預防再發等程序來解決問題。

3. **創造型（未來型）的問題**：此類型是目前尚未發現明顯的問題，但未來很可能成為問題，例如技術無法傳承或組織變革速度太慢等，為未來半年至三、五年期間可能會發生的問題，尋求防微杜漸的解決之道。愈高階的主管人員（協理級以上）愈重視此類型的問題，如何防範未然與解除未來隱憂，則是他們重視的課題。

（本章「問題解決與改善」主要是針對中階幹部，來解決探索型的問題深入說明）

三、定義問題

問題的描述是中立客觀的，不偏左也不偏右，但在職場上經常會看以下類似錯誤的描述：

紅海公司王經理的業務團隊，在上一季的業績競賽獲得最後一名，不曉得是不是業務員能力不夠、拜訪客戶不夠積極、缺乏團隊合作、不服從王經理的指導、彼此之間互有心結，還是他們根本就不想參加這項業務競賽，早就知道這是無法達成的目標，表現的很讓人失望，他們應該好好的訓練業務員才是。

我們來仔細分析以上的例子，有哪方面是不正確的敘述。

1. 用質問力的方式表達，例如：不曉得是不是業務員能力不夠、拜訪客戶不夠積極、缺乏團隊合作、不服從王經理的指導彼此之間互有心結。
2. 用抽象模糊的敘述，例如：彼此之間互有心結。
3. 擅自揣測的說明，例如：他們根本不想參加這項業務競賽。
4. 負面的用語，例如：早就知道這是無法達成的目標。
5. 暗示性的解決對策，例如：他們應該好好的訓練業務員才是。

　　以上這些都是有失偏頗的錯誤描述，正確的問題定義與描述，應該掌握中立客觀、數據佐證等原則，企業常用的「4W2H」問題描述，主要結構如：預期期間（When）、目標項目（What）、量化程度（How much），但實際期間（When）、目標項目（What）、量化程度（How much）。

　　例如：

1. 預期4／1~6／30營業額1億，但實際4／1~6／30營業額7,000萬。

2. 預期7／1~9／30交貨達成率92%，但實際7／1~9／30交貨達成率83%。

　　另外，在企業授課「問題解決」的目標項目，經常發現除了改善營收下滑外，尚可改善歸類為Q（品質）、C（成本）、D（交期）、S（安全）等四大類別的問題（如**表4-1**）。

表4-1　常用問題改善項目

類別	相關改善目標項目
Q（Quality）品質	不良率上升、客訴增加、顧客滿意度降低。
C（Cost）成本	加班時數過長、人員流動率上升、庫存過高。
D（Due）交期	交貨延遲、回應太慢、等待過久、工程時數過長、研發時程過長。
S（Safety）安全	工安事件頻傳、環境衛生不佳。

　　當你明確描述問題的定義時，應進一步地掌握問題發生的「人、事、時、地、物」，而訣竅就在於刻意地提問「5W2H」。例如，以交貨達成率偏低為例，可以有以下「5W2H」的提問：

「哪些商品交貨延遲？」（What）

「交貨延遲會在哪幾個時段發生？」（When）

「哪幾個部門或工作站，造成作業延遲？」（Where）

「是如何發生的？」（How）

「交貨延遲到什麼程度？」（How much）

「是誰承辦或負責的？」（Who）

「為什麼會發生交貨延遲？」（Why）

　　只要以提問「5W2H」來擴展思維模式，便可以引導出整個問題的全貌，你是否有發現，明確將問題定義與描述，就等於解決問題的一半，有些時候精確的陳述問題比解決問題還來得重要。

　　課堂上，學員經常會提問：「如何展現解決問題的專業？企劃報告該如何表達？」想要展現專業能力來做企劃報告，主要在於用真實的數據來分析統計，以「圖表」的方式來表達，使對方能夠在複雜的情境下一目了然。因此，可以使用檢核表（消去法）（如**表4-2**）、棒狀圖（直條圖）（如**圖4-1**）、柏拉圖（如**圖4-2**）、圓形圖（如**圖4-3**）、推移圖（如**圖4-4**）、雷達圖（如**圖4-5**）及帶狀圖（如**圖4-6**）等管理工具，來輔助問題的描述更為清晰與完整。

表4-2　製作漢堡的檢核表（消去法）		
製作漢堡檢核表		
次序	項目	查檢狀態
~~1~~	~~戴手套~~	~~符合SOP~~
~~2~~	~~烤漢堡~~	~~符合SOP~~
3	塗沙拉醬	可能退冰閒置太久
~~4~~	~~放番茄~~	~~符合SOP~~
~~5~~	~~放生菜~~	~~符合SOP~~
6	煎肉放肉	可能油太少產生焦味
~~7~~	~~煎蛋放蛋~~	~~符合SOP~~
~~8~~	~~裝袋~~	~~符合SOP~~

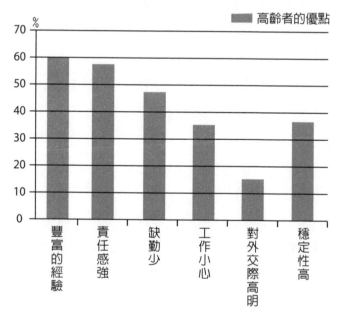

圖4-1　高齡者工作優點的棒狀圖（直條圖）

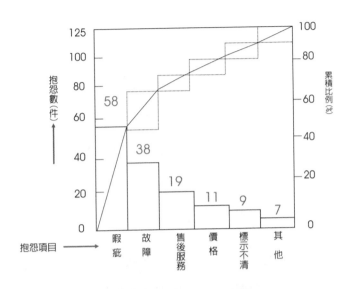

圖4-2　顧客抱怨的柏拉圖

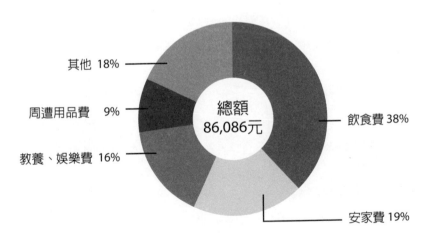

圖4-3　消費者所得支配的圓形圖

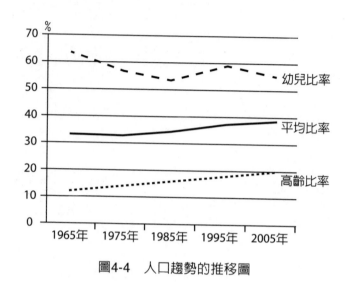

圖4-4　人口趨勢的推移圖

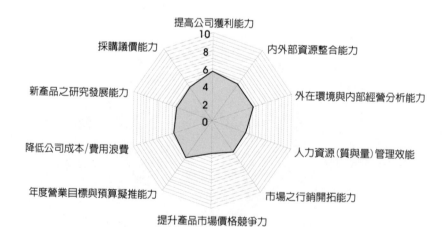

圖4-5　經理人管理能力的雷達圖

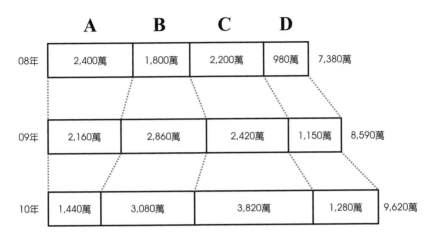

圖4-6　產品營收消長的帶狀圖

分析原因確認要因

一、構思成一座冰山

　　每一個問題的發生一定是事出必有「因」，緊接著是就「為何會發生問題」去探究原因。我們可以先構思問題好像一座冰山，有的原因在冰山以上是可看的到的，有的原因是在冰山以下是看不到的，運用「5W1H」反覆提出五次為什麼（5Why），針對問題垂直式思考一層又一層地深入探討原因，最後找到真因與提出方法解決（1How）（有時後簡單的事件可能4W、3W或2W即找出真正的原因）（如**圖4-7**）。

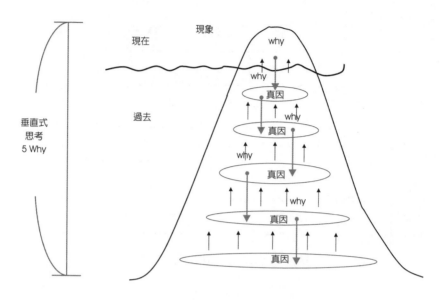

圖4-7　探討原因的冰山模式

　　例如，在辦公室聞到由廁所散出的異味時，就這問題反覆提出五次為什麼（5Why），利用垂直式地思考來探討原因（如**表4-3**）。

表4-3　探討原因「5Why」	
質問Why	找出原因
1.為什麼廁所有異味？	1.因為馬桶沖水量不足！
2.為什麼沖水量會不足？	2.因為儲存水位不足！
3.為什麼儲存水位會不足？	3.因為幫浦失靈了！
4.為什麼幫浦會失靈？	4.因為輪軸耗損了！
5.為什麼輪軸會耗損？	5.因為雜質跑到裡面去了！

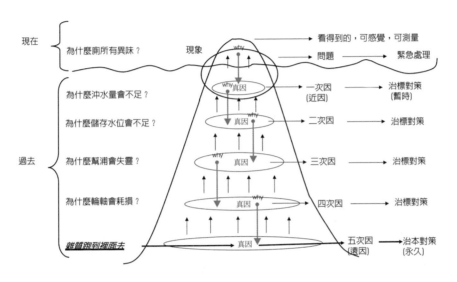

圖4-8　探討原因的五次因模式

　　將上述的問題延伸構思成一座冰山時，它的思考模式就會如**圖4-8**所示。

二、找出多重原因

　　探索型問題的原因，並非僅有單一原因而已，大部分是多重原因所構成的，一般企業在解決探索型問題時，採用團隊（4~8人）共同討論解決的方式，絕對比個人的效益高出很多，因此可歸納出團隊分析多重原因，有以下幾種的方法：

1. CBS法（Card brainstorming）：CBS法是由日本創造開發研究所所長高橋誠根據奧氏智力激勵法改良而成，是一種

卡片式智力激勵法，也是一種使用卡片的腦力激盪法。本法進行時，小組成員先作自我沈思，將沈思構想寫在卡片上，是一個融合個人思考與集體思考的方法，也可以是腦力激盪法（BS）的改良技法。在使用CBS法的過程中，團隊成員的構思自由奔放，而且想法愈多愈好，彼此間禁止批評別人的想法，最後再進行整合與改進。

2. **KJ法**：KJ法是日本人川喜田二郎（Kawakita Jiro）所開發的方法，其所衍生的應用方法十分多，應用的範圍也相當廣。無論簡單或複雜的問題，都可以用KJ法來處理，使問題的內容或構造變得清晰而易於掌握。KJ法簡單地說，就是利用卡片做歸類的方法。這個方法同時有一個好處，那就是因為採用卡片填寫及輪流說明的方式，讓每一位成員都有表達自己想法和觀念的機會，而不是只有勇於發言的少數人貢獻他們的智慧而已。

3. **要因分析法**：一個問題的特性受到一些要因的影響時，將這些要因加以整理成為有相互關係而且有條理的圖形，稱為特性要因圖。將問題的原因分成為一次因、二次因、三次因，而繪製成特性要因圖，圖形像魚骨，又稱魚骨圖（如**圖4-9**、**圖4-10**）；它是由日本管理大師石川馨所發展出來的，故又名石川圖。以下是針對顧客抱怨事件增加的問題，使用魚骨圖來找多重原因，也就是此問題的原因總覽圖。

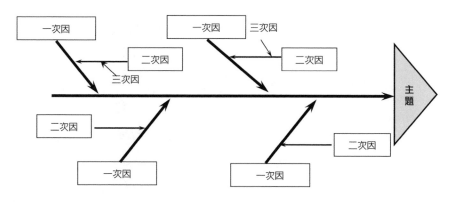

圖4-9　魚骨圖的架構

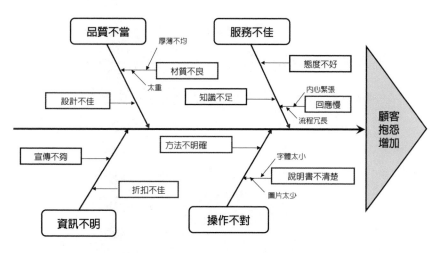

圖4-10　顧客抱怨原因的魚骨圖

4. **心智圖法**（mind mapping）：心智圖法在1970年代由英國
   的東尼‧博贊（Tony Buzan）所研發。他致力於心理學、

127

頭腦的神經生理學、語言學、神經語言學、資訊理論、記憶技巧、理解力、創意思考及一般科學等研究，並曾試著將腦皮層關於文字與顏色的技巧合用，發現因作筆記的方法改變而大大地增加了至少超過百分之百的記憶力。逐漸地，整個架構慢慢形成，Tony Buzan也開始訓練一群被稱為「學習障礙者」、「閱讀能力喪失」的族群，這些被稱為失敗者或曾被放棄的學生，很快的變成好學生，其中更有一部分成為同年紀中的佼佼者。1971年Tony Buzan開始將他的研究成果集結成書，慢慢形成了放射性思考（radiant thinking）和心智圖法（mind mapping）的概念。**圖4-11**是針對顧客抱怨事件增加的問題，利用心智圖法所拓展出的多重原因。

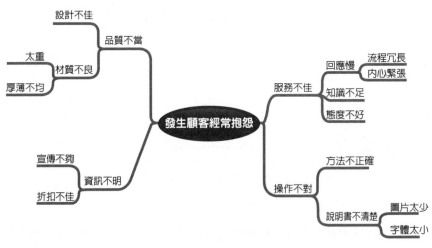

圖4-11　顧客抱怨原因的心智圖

改善對策優先順序

　　針對問題解決的對策，必須有清晰的邏輯軌跡可依循，避免為了解決A問題而使得核心競爭力減分，甚至有的解決了A問題而產生另一個B問題。尤其是解決行銷策略上的問題，首先必須釐清定位與價值為何？再來深入探討策略為何？因此，以下三個「提問」如果能仔細的思考討論且完整地回答，那問題解決的對策就呼之欲出了。

1. 你的顧客是誰？市場區隔是以哪一族群為主。
2. 提供顧客認知的差異化價值為何？主要的差異化價值是價格、品質、便利、功能、夥伴、品牌或其他。
3. 什麼才是你的業務（5P）？產品（product）、價格（price）、通路（place）、促銷（promotion）、公關（public relation）等。

　　也就是說，第一個問題「你的顧客是誰？」是第一大母規則，第二個問題「提供顧客認知的差異化價值為何？」是第二大母規則，再來延伸出第三個問題「什麼才是你的業務（5P）？」的子規則，如果我們解決問題的對策（子規則）與第一大母規則或第二大母規則有所牴觸或衝突時，則很有可能使得核心競爭力減分，甚至會產生一個問題。

以星巴克咖啡（Starbucks Coffee）為例，如下說明：

1. 顧客是誰？（第一大母規則）
主要是以上班族為主。

2. 提供顧客認知的差異化價值為何？（第二大母規則）
營造輕鬆愉悅的喝咖啡環境。（賣的不只是一杯咖啡，而
是整體店鋪喝咖啡的形象）

有一次星巴克咖啡店鋪業績下滑時，尋求提升業績的對策，
有人提議：

「根據來店人數的統計，在中午與晚上用餐的時段人數
明顯減少，如果我們增加用餐的服務（如：火鍋、套餐
等），可以提升店鋪業績，更何況其他咖啡店都有提供用
餐的服務。」

乍聽之下相當有道理，而且是我們常聽到的「市場滲透策
略」，但仔細的推敲思考，提供了用餐服務雖然可以在短期內創
造業績，可是：

1. 中長期的發展呢？
2. 煮火鍋的咖啡店還能營造出喝咖啡的氣氛嗎？

3. 定位是否會走向以用餐為主喝咖啡為輔？

4. 用餐是否將稀釋了差異化價值？

很明顯的，改善對策（子規則）已與第二大母規則有所牴觸或衝突，所以聰明的星巴克咖啡至今並未提供用餐服務，因為他們深知降低核心競爭力的改善對策，對於中長期而言，將會得不償失。

改善對策大部分也是多重的對策，在解決探索型的問題時，針對原因總覽圖找出6~8個主要原因，其中從每個原因發展出1~2個對策，在改善多重原因的對策當中，一般企業常使用系統圖來表示（如**圖4-12**）。

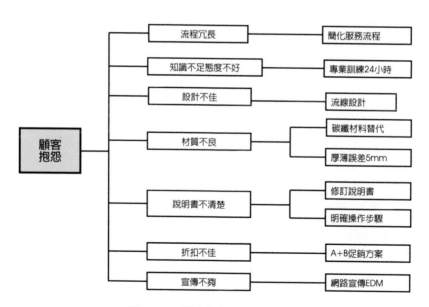

圖4-12　顧客抱怨對策的系統圖

在有限資源講究經濟效益的前提之下，並非每一項改善對策都要落實執行，秘訣在於選定每一項改善對策，應以「時效性、可行性、成效性、投資額」等四大關鍵要素來作決策分析，審慎評估是否付諸執行的先後順序。也就是說，對策所花的時間愈少，則效益愈高；可行性（過程）愈高，則效益愈高；成效性（成果）愈高，則效益愈高；投資額（成本）愈低，則效益愈高，最後排定前4~6項的改善對策，就可以考慮優先實施改善了。

行動計劃追蹤成效

可行性的對策要有具體方案，以及行動計劃與步驟（可利用甘特圖法），並且預先規劃完成日、追蹤日與實際完成日，可製訂「執行與追蹤表」（**如表4-4**）以明確各階段主辦與協辦相關人員，檢視與查核並階段性的成果。

實施改善三個月或半年後的成效，可以用柏拉圖法或雷達圖法來表達（如**圖4-13**、**圖4-14**）。

表4-4 執行與追蹤表（甘特圖法）

行動計畫	99年						主辦	協辦	預定完成日期	追蹤日期	實際完成日期
	7月	8月	9月	10月	11月	12月					
	▬										
		▬									
		▬									
			▬								
			▬								
			▬								
				▬							

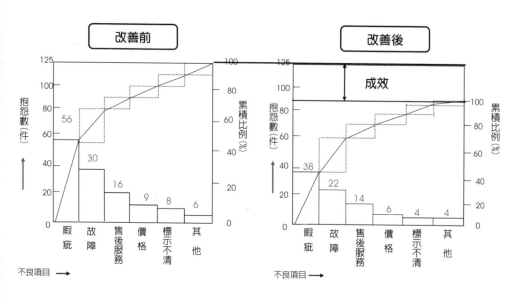

圖4-13 改善前後的柏拉圖

133

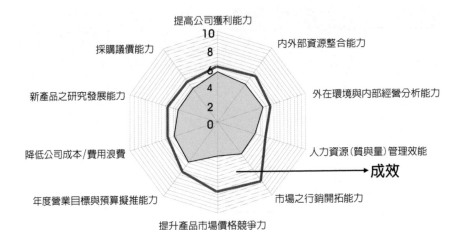

圖4-14　改善前後的雷達圖

　　由上述，可以歸納出「問題解決與改善」依序的步驟，主要分為如下五大步驟：

Step 1　釐清現象：掌握問題發生的「人、事、時、地、物」。

Step 2　確認問題：實際狀態與目標值之間是否有「落差」。

Step 3　找出原因：找出造成問題可能的多重原因。

Step 4　制定對策：針對「可控的」原因，優先制定改善對策。

Step 5　行動追蹤：四大關鍵要素來作決策分析，實施改善行動與
　　　　　追蹤。

　　問題解決與改善的技巧，如能運用以上「結構式」的五大步驟（原則），它會迫使以一種縝密的方式來思考問題，也會督促

用不同的角度、變通的方式來解決問題。請在周遭找一件目前正在困擾的探索型問題，利用這五大步驟來想一想，並且練習實做，將會領悟到問題發生的原因，原來是有這麼多面向構成的，而解決問題的改善對策也可以這麼有經濟效益。

總而言之，問題解決與改善的關鍵在於決心與方法，如果感覺困難，代表能力不夠；感覺麻煩，代表方法不對。但不要因為困難或麻煩而半途而廢，因為大多失敗的人都會找藉口的，而成功的人是找方法來克服的。倘若平時能多培養系統性管理能力、專業能力與EQ能力，將有助於問題的解決與改善，進而能夠解決創造型（未來型）的問題。

如果你的問題或是公司的問題仍然層出不窮，甚至不斷地一再重複發生，那麼就趕快找出問題的原因，並針對「可控」的原因優先處理，因為「可控」的是比較容易改變，也比較容易改善（較符合經濟效益）。記住，「方法總比問題多的，面對它就處理它，做就對了！」當三、五年後，回頭檢視看看解決問題的點點滴滴，將會發現這些過程是進步的動力，也是成長的足跡！這樣，無論到哪裡都將會被企業以禮相迎！

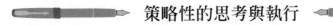

策略性的思考與執行

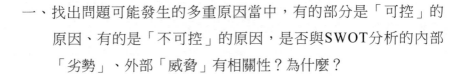

一、找出問題可能發生的多重原因當中，有的部分是「可控」的原因、有的是「不可控」的原因，是否與SWOT分析的內部「劣勢」、外部「威脅」有相關性？為什麼？

二、在企業中，解決問題的決議方式，大致分為主持人決議、投票決議、妥協決議與共識決議等四種，各分別在何種情境下被採用？

三、試舉自己曾經解決過最有成就的「探索型」問題，最困難的過程在哪？如何克服的？成功關鍵是什麼？

PART 3 人際互動（人際導向）

CHAPTER 5 績效溝通與面談

CHAPTER 6 領導激勵與培育

CHAPTER 5 績效溝通與面談

管理心法

有了參與溝通，將會有所承諾，彼此就形成了共識，後續才能有效執行。因此，績效溝通與面談是「執行力」的重要關鍵。

~石博仁

本章的管理職能發展，依序分為學習、運用、指導與卓越四大階段。

職能階段	階段說明
Level 1. 學習階段	僅僅考慮自己的行為與想法，未對其他人見解有所意見。
Level 2. 運用階段	傾聽他人的含意與感受，運用事實與數據，溝通彼此的見解與觀察。
Level 3. 指導階段	表達與他人不同的意見，找出彼此差異與交集，並為他人認同與信服。
Level 4. 卓越階段	積極創造一個易與人溝通的方法，使彼此之間易於理解與形成共識。

■ 績效的提升必須仰賴有效地貫徹執行。

■ 如果主管與部屬之間的互動，多一些參與討論，將會多一些承諾，也會增添了不少共識，相對地，後續的行動將會有效執行。

■ 因此，有效地「執行力」關鍵在於主管與部屬之間的「溝通」與「面談」。

了解績效溝通風格 ————

一、績效溝通的認知與準備

　　績效溝通係指主管與部屬之間，彼此傳達訊息、想法或意見的一種互動過程。主要的目的，在於傳遞正確的訊息、讓對方充分的理解、獲取更多的支持、有效解決問題或達成共識以貫徹執行。如果只是單向表達，沒有互動過程，即僅止於「溝」而沒有「通」。所以，當你在輸出訊息給對方時，應該理解對方輸入訊息的處理認知是否正確，必要時適當的提問與澄清，以確認彼此的認知是否有差距（如**圖5-1**）。

　　「績效溝通」還有另一件重要的事，那就是在將你想要表達的「狀態」傳遞給對方時，並非只是單純的「語言」傳遞而已。美國經濟學家艾伯特·麥拉賓（Albert Mehrabian）的研究分析，人類所有的溝通過程中，傳遞訊息的方式將會影響辨識程度（如**表5-1**）。

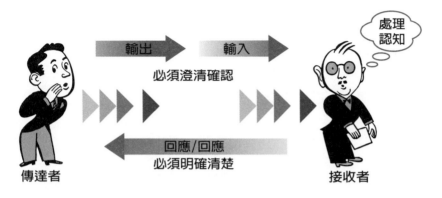

圖5-1　互相傳達訊息

　　從**表5-1**可得知，績效溝通的成效並非取決於「語言或文字的內容」，而是對方接收到的「處理認知」是什麼以及會引起怎樣的「反應」。在進行績效溝通時，除了要運用抑揚頓挫的語氣、適當的詞句以及肢體表情外，還要思考對方將會如何解讀與辨識。

表5-1　傳達訊息的辨識程度

傳遞訊息	表達方式	觀察重點	辨識程度
1. 語言	文字與片語	書面公文、電子文件等	7%
2. 聲調	聽到的聲音與特性	聲音的節奏、語調的變化、停頓的長短等	38%
3. 視覺	看到的表情、態度與肢體	臉部的表情、手腳的動作、呼吸的急緩、動作的停頓等	55%

因此，在辦公室裡偶爾會看見主管人員僅是發個E-mail，即交代部屬辦理事項，這樣溝通過程的風險是很高的，因為部屬對於整個E-mail訊息的辨識程度是很低的。如果是重要且急迫的交辦事項，倘若能通個電話說明或者當面講清楚、說明白，那麼辨識程度相對地會提高很多。

在整個溝通的過程中，肢體動作的表達傳遞給對方理解，占了很大的部分，所以不得不留意自身的肢體動作，而肢體動作傳達的重點可參考**表5-2**。

表5-2　肢體動作傳達重點

肢體動作	傳遞重點	具體行為
1. 臉部表情	表現開放溝通且平易近人	面帶沉思微笑、眼神互相接觸約80~90%。
2. 頭部擺動	回應對方所傳遞的訊息	小點頭、小搖頭、大點頭、大搖頭或保持中立。
3. 手勢移動	強化傳遞訊息	勿用一根食指指著對方，應以五根手指攤開的方式來代替，以免造成對方的壓力；勿在手上玩弄物品。
4. 坐位姿態	展現專心、自信與自在	深坐椅背約85%~90%、適時往前傾約10~15°、勿斜靠椅背。
5. 空間距離	保持與對方「安全距離」	對應對方坐或站、勿侵入對方隱私範圍。

二、因人而異的績效溝通風格

　　沒有一個人樣樣都行，也沒有一個人樣樣都不行，但每個人往往都有獨特的「績效溝通風格」，而大部分的溝通障礙都出現在雙方「溝通風格」時的衝突，所以經常會聽到溝通不良的兩方，在事後會脫口說出：「他不合我的style！」所謂績效溝通風格與人格特質是相接近的，在第1章「職能選才與面談」中，說明過關於人格特質，引用東尼‧亞歷山卓（Tony Alessandra）和麥可‧歐康諾（Michael J. O'Conor）兩位行為管理學家的四種類型：目標型（director）、社交型（socializer）、溫和型（relater）與分析型（thinker）。接下來，就以這四種類型分別說明績效溝通風格（如**表5-3**）。

　　對**目標型**而言，喜歡關注結果、直接了當地講重點，討厭語焉不詳、拐彎抹角，東牽西扯反而失去耐性。記得有一家上市櫃企業想要輔導請企管顧問輔導績效管理系統，改善內部績效目標的達成與績效合理的評估，之前有三家企管顧問公司向該企業董事長作簡報，分別不到十五分鐘即被董事長中斷，且被請出會議室，接下來邀請我去作輔導簡報評估，得知有三次績效顧問簡報的前例，因此在充分的掌握訊息與了解後，判斷該董事長為「高目標型」，當下及時改變了簡報策略，先說明輔導的結果與好處，並DEMO過去輔導成功企業的成效，五分鐘內使他產生極高的興趣後，再來互動討論過程如何進行，整個簡報約四十分鐘，最後的績效顧問雀屏中選由我擔當，然後輔導近一年的顧問案。

表5-3　因人而異的績效溝通風格

類型	溝通風格	溝通技巧
1. 目標型 （信心）	注重結果導向，果敢、直接且充滿自信，講究效率、喜歡競爭、勇於接受挑戰和冒險。	1. 迅速進入重點，找到交集。 2. 要精確、有效率。 3. 根據事實，結果效益。 4. 先說結論與好處。
2. 社交型 （熱心）	注重理念導向，樂觀、活力且滿懷熱心，喜歡表現、擅長表達，具有創意與直覺力強。	1. 保持愉悦、有活力。 2. 表現對主題熱心、氣氛歡樂。 3. 先聽他說，別急著討論事情。 4. 確認方向、別討論技術性的枝末細節。
3. 溫和型 （耐心）	注重穩定導向，友善、親切且與人隨和，默默耕耘不愛出風頭，循序漸進地發揮產能。	1. 積極傾聽、注重對方的感覺。 2. 以持續、非正式的溝通來建立信任感。 3. 一步一步取得進展，提長期計畫。 4. 保證風險都會在可以控制的範圍內減少。
4. 分析型 （細心）	注重公平導向，理性、細心且深思熟慮，注重邏輯、善於分析，做事有條有理且重視細節。	1. 注意細節、精確性及邏輯性。 2. 提出堅定、明確的證據與資料。 3. 列出A、B、C計畫的優缺點。 4. 用行動展現承諾，而非只是說說而已。

　　對**社交型**而言，喜歡關注認同、歡樂有趣以及大家同在一起的氣氛，討厭悲觀的想法、負面的思考以及鑽牛角尖的瑣碎小事。

對**溫和型**而言,喜歡關注關懷、循序漸進及一團和氣的感覺,討厭變來變去與尖銳的批判。

對**分析型**而言,喜歡關注證據、完善的規劃以及條裡分明的分析,討厭沒憑沒據、跨大說詞以及破壞規則。我曾經有位分析型的主管,剛開始呈上的公文或企劃案,經常被他東挑西檢的,提問的問題與風險極為挑剔,要求完美到眼裡容不了一粒沙,相處的前三個月實在很難調適,曾出現離職的念頭。但仔細推敲如何與分析型的主管建立良好的溝通方式後,於是改變了自我的溝通風格,每次呈上的公文或企劃案都做好萬全的準備,精確的數字分析、條理分明的佐證、明確的法律規範以及提出各方案的利弊得失等,一次又一次的被受肯定,約過了一年半後才被完全的信任與授權,後來的公文或企劃案都很少過問,只看著他寫著四個字「如擬呈核」,四年後我的離職評價是「可圈可點」。事後回想起來真的很感恩那位要求嚴苛的分析型主管,因為那一段的歷練添增了「顧問/講師職涯發展」不少的色彩。

閱讀到這裡,你是否已經歸納出,成功的績效溝通重點並不是「用**你的**優勢的績效風格與對方溝通」,而是「用**對方的**優勢的績效風格與對方溝通」;換言之,你必須瞭解對方的「關注」、「需要」、「喜歡」、「討厭」的績效風格是什麼(如**表5-4**),才能投其所好、與他共舞,進而產生共鳴。

表5-4 投其所好的績效溝通

類型	關注	需要	喜歡	討厭
1.目標型（信心）	結果導向	尊嚴	挑戰自主直接重點	無能指揮、語焉不詳
2.社交型（熱心）	理念導向	認同	歡樂有趣視覺高雅	群體孤立、枝微末節
3.溫和型（耐心）	長期導向	關心	和諧穩定循序漸進	變來變去、對人批判
4.分析型（細心）	合理導向	肯定	品質程序、公平正義	破壞規則、愛說大話

績效溝通四大關鍵

　　人與人之間的互動關係有淺至深，可分為表層關係、一般關係及深層關係等三大層次關係，如**表5-5**說明。

　　然而，主管與部屬間應存在著第二層的一般關係，以及第三層的深層關係。也就是說，一般關係是用傾聽來了解溝通訊息，用詢

表5-5 人際互動三大層次

互動關係	關係程度	行為展現
第一層關係	表層關係	給予對方注視、微笑、點頭，或者僅止於觀察力與敏感度，一般稱為「點頭之交」。
第二層關係	一般關係	給予對方支持性傾聽，以及有效地詢問。
第三層關係	深層關係	給予對方尊重讚美，或者同理心的回應。

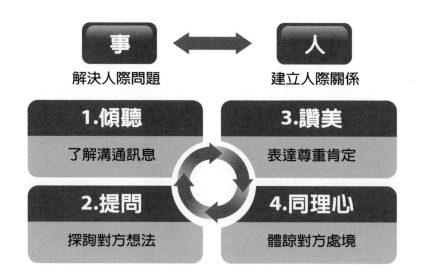

圖5-2　績效溝通四大關鍵

問來探詢對方想法；深層關係是用讚美來表達尊重肯定，用同理心來體諒對方處境（如**圖5-2**）。

一、傾聽

傾聽，是卓越主管人員在進行績效溝通最優先必備的要素。傾聽，不單單是聽見、聽到，更需要的是留神聽、仔細聽，甚至聽出對方內在的聲音。傾聽，要掌握住放鬆、微笑、開放、目光接觸及前傾等五大原則（如**表5-6**）。

表5-6　傾聽五大原則	
五大原則	具體展現行為
1.放鬆	放輕鬆你的心情，對方也會受到感染而放鬆
2.微笑	保持微笑，讓對方感受親切無壓力
3.開放	展現開放的態度，讓對方感受願意溝通的誠意
4.目光接觸	眼神目光的接觸約80~90%，表示尊重對方
5.前傾	頭部向前微傾5~10°，表示專注地聆聽

　　如果要說傾聽有何小秘訣？那就是用「關注柔和的眼神」＋「點點頭」就對了！對方一開始說話，就進行點頭的動作，配合對方的話語改變點頭的深度，對方說話段落「、」或「，」處稍稍點頭，對方說話段落「。」處重重點頭，且簡單作筆記並記下重要的訊息，做個專心的好聽眾，千萬別一直看手錶。

　　你是個傾聽高手嗎？請用直覺在A~E之間勾選，以作為改進的參考（如**表5-7**）。
A代表很常常、B代表經常、C代表有時、D代表偶爾、E代表一點也不。

表5-7 傾聽十大自我檢視

題目	回顧過去行為事件	A	B	C	D	E
1	我會試著想要同時聽幾個人的對話	☐	☐	☐	☐	☐
2	我會故作表情假裝在專注聽對方說話	☐	☐	☐	☐	☐
3	當對方說話時，我也在預先揣測與評斷他的表達內容	☐	☐	☐	☐	☐
4	我會因對方的身分、地位、外貌或談話風格而影響到傾聽的內容	☐	☐	☐	☐	☐
5	我會擷取自己想要聽的內容，而不是對方所傳達內容的全貌	☐	☐	☐	☐	☐
6	我會打斷對方的說話，而搶著表達自己的看法	☐	☐	☐	☐	☐
7	我會進行猜測對方的意涵，而忽略採取提問的方式澄清或確認	☐	☐	☐	☐	☐
8	當對方在說話時，我會同時思考接下來想要回應的內容	☐	☐	☐	☐	☐
9	當對方在說話時，我會受到外界聲音或事物的干擾而分心	☐	☐	☐	☐	☐
10	當對方說話無法引發興趣時，我會企圖顧左右而言他來結束談話	☐	☐	☐	☐	☐

　　以上十個題目的勾選，E的分數最高、D次之，以次類推為A的分數最低。如果你的E與D的項目勾選愈多，代表你是愈接近傾聽高手了。

　　另外，要成為一個良好的傾聽高手，也需要兼具運用眼到、心到、口到等感官功能（如**表5-8**）。

表5-8 傾聽三大感官	
感官	具體展現行為
眼到	1.表示很有興趣地聆聽。 2.目光柔和地接觸對方。
口到	1.以「嗯」、「啊」、「喔」、「唔」不同的語調來回應對方。 2.當對方的說話段落「。」時,以自己的語言重述對方表達的重點。
心到	1.專注聆聽對方表達的內容。 2.萃取對方表達的關鍵訊息。 3.推敲對方情緒的起伏。 4.判讀對方的內在聲音。

　　總而言之,如期望傾聽到對方內在的聲音,就必須做到以下三點:

1. 停:不要斷章取義,不要太早下定論,不要只顧表達自己的想法。
2. 看:觀察對方的情緒、反應以及肢體表情。
3. 聽:傾聽對方的意見,確認對方的想法。

二、提問

　　主管人員與部屬的互動關鍵,莫過「提問」了,卓越的主管人員更常使用提問的方式來傾聽對方的答覆,「提問力」並非「質問力」,也並不是在質詢對方,使對方產生極大的威嚴與壓

力，同時，更不是期望對方附和自己內心已有的答案。例如：

如果你提問：「你能如期完成這項目標嗎？」
對方回答：「是的。」

這樣就很難談的下去了。因為你使用的是「封閉式」的提問
方式，對方只能回答「是」或「不是」的答案，頂多再多加幾個
字，諸如「應該可以吧！」此類的回應。再另外舉個例子：

如果你提問：「你難道不認為週一與週三早上跟催工作
　　　　　　　進度，是個如期完成目標的好方式？」
對方回答：「是啊，那當然是個好方式。」

同樣類似「封閉式」的提問方式，而且還帶些引導的語氣，
也是沒有什麼好繼續溝通下去的，因為它是個「引導式」加「封
閉式」的提問對話，期望對方附和自己內心已有的答案。因此，
提問是一種重要的溝通技巧，想要多了解對方、協助對方、影響
對方，就非得要懂得「提問」。

在所有的提問方式中，剛開始針對某一項主題與對方溝通
時，「開放式」的提問方式是最有用的，當你期望對方能夠多表
達看法以及獲得廣泛的資訊時，採用這種提問就特別會有效果。
例如：

如果你提問：「你認為第二項目標如果無法如期完成，
　　　　　　　將對組織的影響為何？」
對方回答：「第二項目標如果延期完成的話，將造成出
　　　　　　貨遞延，引起顧客更嚴重的報怨。」

因為「開放式」的提問方不是一句「是」或「不是」即能回
應的答案，而是能夠激發對方的回答意願，以及探詢更廣泛的想
法。卓越主管人員常用的績效溝通如下：

「第2項目標達成率偏低，你有什麼看法？」
「第2項目標沒有我們預期順利，其中的原因是……」
「在執行第2項目標的過程中，有什麼困難？」
「關於第2項目標，你覺得有哪些方法可以改進的？」
「希望我怎麼做才可以幫得上你的忙？」

但並非「封閉式」的提問方式完全沒有用途，當對方回覆
「開放式」的提問，你必須穿插使用「封閉式」的提問，來確認
你所理解的訊息。

「第2項目標在執行的過程中有哪些階段？……」
「第3階段有哪些人加入？……」
「你是說第3階段找了王大中協助？」
「是的。」

這裡我整理出「開放式」與「封閉式」的提問方式（如**表
5-9**），以供參考：

表5-9　開放式與封閉式提問

類型	常用話語	用途
開放式（Open）	What？ When？ Why？ Who？ Where？ How？ How much / many？ (以上為5W2H)	1. 激發對方回答的意願。 2. 探詢更廣泛的想法。 3. 蒐集更多的訊息。 4. 減少錯誤的資訊。 5. 排解對方的緊張不安。 6. 增進彼此的溝通效果。
封閉式（Close）	是 / 不是？ 好 / 不好？ OK / 不OK？ 可以 / 不可以？	1. 確認對方真正的想法。 2. 找出明確事實或答案。

使用「開放式」的提問方式，要使你的績效溝通有所成效，務必要掌握這個基本架構：

1. 提問儘量簡單、清楚，讓對方一聽就懂。
2. 引起對方的興趣與關注。
3. 用對的關鍵字來強化提問訊息，例如：看法、原因、困難、改善方式等。
4. 讓對方容易回答你的提問。
5. 傾聽對方的回應，並確認彼此是否理解互相傳達的訊息。

當你理解並且運用上述的提問方式之後，也可以嘗試著套用在別人身上，特別是當對方向你請求協助時，在傾聽對方「提

問」的同時，很弔詭地，在仔細推敲對方為何要用如此的提問方式時，也可能會有對方背後動機的意外收穫，也附加了主管人員不可不知的績效溝通技巧。

三、讚美

美國著名心理學家、哲學家威廉・詹姆斯（William James）曾說：「人類本性最深的企圖之一就是期望被人讚美和尊重。」沒有人不喜歡受人讚美，縱使是一句簡單的讚美，往往也能夠使人產生愉悅，甚至引起振奮和鼓舞，有時更可以提高對方的自信心與上進心，以及改善主管與部屬之間的關係。如果工作中缺少了讚美，每個人都會降低自信心，甚至失去競爭的動力。

人人都需要被人讚美，主管人員更應該懂得怎樣去讚美別人，一旦懂得如何開口讚美別人，就能擄獲人心與增進組織效能。所以，卓越主管人員的雙手是用來鼓舞與讚美的，不是用來指責人的。畢竟，讚美是一種陽光，也是一種香橙，令人內心溫暖外，嚐了口齒香甜，時間久了，尚能餘味猶存。

隨便說幾句人云亦云的客套話，讚美一個人或一個組織，並不是很難，更不是可貴。貴在是否能掌握「真誠」、「及時」與「具體」三大原則，東方人的讚美有別於西方人，較為內斂與含蓄，甚至有「盡在不言中」的讚美藝術。記得在從事人力資源工作期間，有一位經理人用E-mail讚美了他的部屬工程師，同時將此封E-mail傳送給工程師的上二層主管（副總）及人資單位，當人資

單位的電子信箱收到此信時，仔細的推敲發現，這位經理人用簡單扼要的三句話，來具體讚美工程師解決了顧客的困難，並慰勞工程師工作到晚上十一點才下班的辛苦，深信被讚美的工程師將會受到極大的欣慰與鼓舞，因為副總與人資單位都知道他受到了肯定。

另外，東方人的「第二手」的讚美，也較為獨特且有效果。以下是主管對部屬的績效溝通：

> 「上次你協助管理部張經理的事，表現的不錯喔！」——這是一般的讚美。
> 「聽管理部張經理說你幫了大忙，他一直很感謝你喔！你也知道他的特質不善於表達，沒有當面告訴你，但他曾向我提起這回事。」——這是「第二手」的讚美。

你是否已經發現「第二手」的讚美是東方人獨特的文化，而且也有「盡在不言中」的讚美藝術。若要進一步的探討讚美的話，它的實務運用技巧有如**表5-10**所列的三大層次。

表5-10　讚美三大層次

層次	焦點	常用口語
第一層	外表、特徵	你今天看起來亮麗很多喔！你的笑窩很迷人……
第二層	專長、事蹟 成就、個性	對！對！對！我就是要你昨天送交的企劃案，深信客戶一定會與我們合作。 昨天你處理的客訴真的有夠耐心與細心，我看能夠把這件處理好非你莫屬了！
第三層	潛力	你才來三個月就能協助客戶處理這棘手的問題，有的同仁來公司一年多還拿它沒辦法，我看你有很大的潛力，公司一定會好好重用你的。

　　第一層次的讚美，對方的感受時間有效性較短，使用的頻率較高；第二層次的讚美，對方的感受時間有效性較長，使用的時機視對方有具體行為表現而定；第三層次的讚美，對方的感受時間有效性最為深遠，使用在績效面談的效果將會最好。

　　讚美別人就好像在幫人煮一杯咖啡，要甜、要苦、要酸，或者要冰、要冷、要熱，要加奶精或打奶泡，都要迎合對方的需求與口味，一定要調和的恰到好處，才能讓人口齒留香、回味無窮。

四、同理心

　　同理心起源於人類「分享情緒」以及「被了解」的心理滿足，也是一種接納，表示與對方站在同一陣線上。當部屬覺得主管和他是同一國時，對於主管要給他的指示或教導也比較能放在

心上。「同理心」並不等於「同情心」，同理心是站在對方的立場、了解對方的感受；同情心則是憐憫對方的處境、難過他的不幸或遭遇。因此，具有同理心能讓主管人員有意義且滿足地與部屬有效連結，就猶如一把鑰匙，可以開啟部屬的心門，使得人際關係更加和諧。我經常發現在職場上有如以下的狀況：

【狀況一】

部屬：「原來的工作都快做不完，其他部門還一直催東催西的！到時候趕不完又要被抱怨了……」

主管：「喔…對了！你來的正好，我正好有事找你」這時候的部屬接收了主管冷漠的回應，也只能在默默地在心理出現三條槓吧！

【狀況二】

部屬：「原來的工作都快做不完，其他部門還一直催東催西的！到時候趕不完又要被抱怨了……」

主管：「哎喲，不會啦！你那麼厲害，對你來講小case啦！」此時的部屬也只能大嘆「其實你不懂我心！」

【狀況三】

部屬：「原來的工作都快做不完，其他部門還一直催東
　　　催西的！到時候趕不完又要被抱怨了……」

主管：「那你就直接跟Tom講，叫他幫忙嘛……」當部屬
　　　碰上這種軟釘子，久而久之也不在反應心理的感受
　　　了。

　　如果你是那位主管，聰明的你該如何回應？首先，你的同理
心回應要掌握簡短有力，再來覆述確認你所了解的內容，最後一
定要反應對方的情緒與回應感覺。可參考以下對話：

【狀況一】

部屬：「原來的工作都快做不完，其他部門還一直催東催
　　　西的！到時候趕不完又要被抱怨了……」

主管：「你的意思好像是說既有的工作還沒做完，其他部
　　　門又有新的工作需要你配合，你是不是覺得壓力很
　　　大，擔心到時候沒完成會被抱怨……」

【狀況二】

部屬：「原來的工作都快做不完，其他部門還一直催東催
　　　西的！到時候趕不完又要被抱怨了……」

主管：「換句話說既有的工作還沒做完，其他部門又有

> 新的工作需要你配合，這樣讓你覺得壓力很大，恐
> 怕到時候沒完成會被抱怨……」

主管人員對部屬的同理心就是「將心比心」，將對方的感受情緒轉換成自己設身處地去感受，進而做到相互體諒、理解以及情感上的融洽。主管人員如果期望改進在部屬心中的形象，可以嘗試著暫時放下你的高度與身段，學會以部屬的角度來看問題的「同理心」，將是相當重要的課題。

績效面談事先準備

一、何謂績效面談

有些少數的主管人員將績效評估的結果是為「最高機密」，從來不讓部屬知道，若問起原因，總是有個藉口：

> 「公司的績效評估制度不公平，與部屬面談是否會自打嘴巴」
> 「績效評估是主管的事，讓他知道結果，反而增添困擾」
> 「告訴部屬績效不佳，那情面會多難堪啊」
> 「反正員工的績效表現，他自己的心中自有定見」

　　殊不知每個員工多麼想知道他到底做的怎麼樣？他在主管的心中如何？他是不是屬於這裡？他是否能與公司一起學習成長？這些都是員工的基本需求，就如同陽光、水與空氣一樣，如果員工無法得知自己的績效表現以及主管的期望認知，他們就會覺得不受重視，工作的價值不受肯定。

　　因此，在績效面談中進行績效評估（或稱為績效考核）的反饋，對於員工是非常重要的，它關係到檢視員工的績效表現、後續績效目標的規劃、職涯規劃與發展以及人力資源決策的進行，同時也考驗著主管領導激勵與部屬培育的技巧。

　　透過績效面談的溝通，也可以消弭與部屬間的認知差異，達到檢討過去、把握現在與展望未來，主管人員藉由績效面談的機會與部屬之間相互討論，以利取得績效發展的信任與共識，使得後續的績效目標更有效地執行。然而，筆者歸納出績效面談將對企業會有以下三大好處：

1. 對組織面而言：可以降低員工流動率、了解員工的優劣勢以及促進內部溝通。
2. 對管理面而言：找出目標與行動的落差、作為績效評估的決策基礎以及設定下一期績效目標的參考依據。
3. 對員工面而言：確認工作是否如期達成、檢討績效目標與改善計畫以及規劃或調整職涯發展。

　　總而言之，績效面談的主要目的在於協助部屬績效發展，因

為部屬有了發展，部門才會發展，公司也會相對地發展起來。

那麼，績效面談與績效管理有何關係？績效面談在績效管理中的地位為何？首先，要先了解整個績效管理系統的規劃（plan）、執行（do）、檢視（check）和回饋（action）（如**圖5-3**）。

1. **規劃**：一般企業在作績效評估時，有的以一年、或者半年、或者一季為一期，大部分是以半年為週期居多。主管人員在期初應事先規劃績效評估的項目，原則上，愈高階愈重視結果導向，績效目標的項目比例愈高；愈基層愈重視過程導向，工作才能的項目比例則愈高。

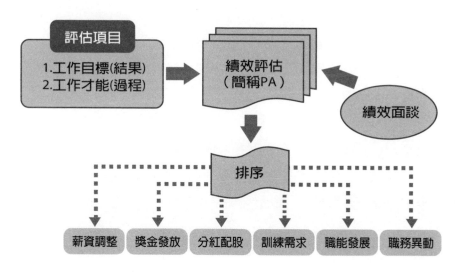

圖5-3　績效管理系統圖

2. **執行**：績效評估是平常就要執行評估，還是期末再作即可？很明顯地，主管人員平常就要關注部屬的績效表現，尤其是績效目標是否達成，以及與績效評估相關的行為事件，那麼，期末才作績效評估只不過是檔案整理而已。

3. **檢視**：期末主管人員透過績效面談的溝通，來檢視部屬的績效目標達成率，以及影響部屬績效程度的意願與能力，進而消弭彼此間對於績效評估的認知差異，以利訂定下一期的績效目標與改善計畫。

4. **回饋**：絕大部分的企業採用強迫分配法，依部門別強制排序一定比例（通常為3~5%）為績效最佳員工；另外，強制分配一定比例（通常為3~5%）為績效最差的員工；其餘的員工績效為普通稱職。

　　主管人員將視員工的階層別、職等職級以及績效評估等級，分別作薪資調整、獎金發放、分紅配股、訓練需求、職能發展、職務異動等回饋。

　　可見，以上績效管理系統的PDCA，明白地看出績效面談是績效管理相當重要的一部分，也就是檢視績效的重要環節。最近這三、四年來，筆者常被受邀講授績效面談的頻率愈來愈高，可見它愈來愈受企業所重視。

二、建立面談信任氣氛

　　績效面談是主管人員與部屬雙方互相溝通的過程，若想要溝通的順暢，達到相互理解與共識，彼此信任氣氛的塑造，是不可或缺的重要一環。首先，彼此都必須抱持著開放且願意溝通的態度；另外，尊重、熱忱、肯定以及平常心對待等，也是可添加不少信任氣氛。然而，面談的環境沒有壓抑、不受干擾、無階層別的威嚴，有著柔和的燈光與輕鬆的音樂，如能再來杯咖啡或飲料，這樣的面談準備，就已經跨越成功的一半了。剛開始不要急著馬上切入主題，花上幾分鐘聊些輕鬆的話題，也可拉近彼此的距離。原則上，可掌握幾項重點來建立彼此信任的氣氛（如**表5-11**）。

表5-11　信任加分與減分

信任氣氛減分	信任氣氛加分
1.冷漠、鄙視、刻板、嚴厲	1.溫暖、友善、自由、開放
2.恐懼、緊張、急躁	2.自在、輕鬆、舒適
3.插嘴、辯解、挑戰、打斷	3.明白、尊重、傾聽、接納
4.爭辯、侮辱對方	4.針對行為事件，不涉及人身攻擊

三、績效面談反饋技巧

　　主管人員在與部屬進行績效面談中，反饋的技巧除了先前所說明的績效溝通四大關鍵（傾聽、提問、讚美、同理心）技巧外，另應掌握以下七大原則：

1. 訊息要明確：「你對客戶作簡報的技巧很差」，應調整為「對客戶作簡報時，必須強調產品與服務的優異性能」。

2. 「我們」替代「你們」：「你們的工作還存在許多問題」，應調整為「我們的工作還存在許多問題」。

3. 第二手讚美：「上次您協助管理部張經理的事表現的不錯喔」，應調整為「聽管理部張經理說他很感謝你幫了大忙」。

4. 強調具體行為：「你的工作進度都比預期的落後很多」，應調整為「上個月交辦的市場調查報告遲交了近15天」。

5. 對事不對人：「你總是遲到，難怪大家都叫你遲到大王」，應調整為「這個月的週會與月會，你都遲到30分鐘，大家都等著開會」。

6. 「三明治」原則：「上一季的顧客抱怨多了20%」，應調整為先說明表現優良之處（讚美回饋），再來說明「上一季的顧客抱怨多了20%」（表現不佳之處），最後肯定部屬的辛苦與努力。

7. 參與討論：「我認為你應該改善的項目為A……B……C……」，應調整為「你覺得改善的方向應關注在哪幾個項目？」

主管人員在運用績效面談反饋技巧時，也應避免以下七大偏差：

1. 未做充分的資料準備，包含部屬過去一段期間的工作表現資料、績效評估表、出勤、訓練紀錄以及具體行為事件。

2. 平日未明確紀錄與部屬績效相關的具體行為事件，僅依照個人短期或近期印象來評估。

3. 話說太多，而忽略了員工反應。

4. 找錯說話對象；把某員工的問題告訴另一員工，反而造成後遺症。

5. 未選擇安靜不受干擾的地點進行。（通常是一對一在會議室進行）

6. 沒有事先告知部屬做準備。（應告知部屬準備目前工作存在的問題與關注的事情、如何改善與提高績效以及規劃下一期績效目標）

7. 過程中隨意閒聊漫談，忽略了績效面談要達成的目標。（可參考結構式績效面談來克服）

有效進行績效面談

　　績效面談為績效管理中占相當重要的一環，經研究資料顯示，「結構式」的績效面談（step by step）有助於組織與個人績效的提升。在面談的進行中，雙方訊息的回饋應針對事件的真實發生進行評估與討論，避免人身攻擊的言語（對事不對人），主要目的在於協助員工進一步發展，以期共同提升績效。

　　一般企業在進行績效面談時，運用「結構式」的績效面談的有效性是最高，可分為六大步驟以**表5-12**來分別說明之。

表5-12　「結構式」績效面談六大步驟

面談步驟	重點說明
一、開場破冰 （暖場）	放下手上其他工作，花幾分鐘聊些輕鬆的話題，營造輕鬆與信任的氣氛，然後說明這次面談的目的、所需時間以及主要內容。
二、請他說明	首先，主管人員運用開放式的提問問題，鼓勵部屬說明工作表現與成果，同時也積極聆聽與覆述重點，如有認同良好表現部分，可點頭表示；如有不認同的表現部分，可澄清與提問需改善的地方。
三、讓他明白	運用「三明治」原則技巧： 1.說明部屬表現績優地方（表現優良之處）。 2.提供事實需要改善地方（表現不佳之處）。 3.取得部屬回應與改善的方法（肯定部屬的努力）。
四、討論共識	主管人員與部屬討論與確認彼此認知相同點；如有認知的相異點，應提供證據資料或具體行為事例，來進一步澄清與確認。
五、設定目標	討論且設定部屬下一期工作目標與計畫，以及應改善的工作項目，並找出部屬的培訓需求與計畫。
六、總結面談	總結內容並給予正面積極的鼓勵：「好的，讓我們來回顧一下今天所討論的重點」、「再回過頭來看看今天我們一同討論了哪些問題……」，最後表達謝意以及肯定部屬過去的努力與辛勞。

組織唯一不變的法則：「績效！績效！還是績效！」主管人員與部屬一致認同的績效目標，才是企業的聖經。在績效面談討論的過程中，哪些沒有價值的目標就拋諸腦後，哪些目標應排在前面，將心力專注在哪些3~9個目標上，如果目標定義愈明確，組織力量就愈大；績效的衡量標準愈清楚，組織的運作就愈有效。卓越的主管人員將會善加運用績效面談中，與部屬參與討論績效目標的機會，因為多一些參與討論，將會多一些承諾，也會增添了不少共識，相對地，後續的行動將會更有效執行。

如果關注於績效目標的課題，你就能夠積極創造一個易與人溝通的方法，使彼此之間易於理解、接受與形成共識，那麼，你的績效溝通與面談能力，就距離「卓越」不遠了。

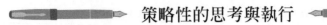

策略性的思考與執行

一、**表5-3**績效溝通風格分為目標型、社交型、溫和型與分析型，
請檢視自己是傾向哪一類型？了解你的主管、部屬、同事、
顧客，甚至家人等，分別是傾向哪一類型？你們之間的績效
溝通是否良好？或有困難與障礙？該如何克服？

二、**表5-5**人際互動的第二層關係「傾聽」與「詢問」，以及第三
層關係「讚美」與「同理心」，請檢視自己與周遭同仁的互
動是否存在著第三層關係？如果有，是否運用讚美來表達尊
重與肯定，用同理心來體諒對方處境？回顧最近7天，在工作
與生活上是否讚美過他人？讚美他人的辭句，該如何表達？

三、請利用**表5-11**信任加分與減分，來檢視自己有哪些信任加分
的行為，應該要繼續保持下去的？有哪些信任減分的行為，
應該要積極改善的？

CHAPTER ❺ 領導激勵與培育

管理心法

領導者,除了心存感恩外,還要雙手合十虔誠地來領導員工,因
為當你關愛著員工,員工就會千百倍地關愛著你的組織。

~石博仁

本章的管理職能發展,依序分為學習、運用、指導與卓越四大階段。

職能階段	階段說明
Level 1. 學習階段	提供他人鼓勵與回饋,給予正面的肯定與有待改進的部分。
Level 2. 運用階段	表達對他人的正面期待,適當地給予信心與激勵,指導改善績效。
Level 3. 指導階段	協助規劃職涯發展目標,充分授予權責,讓他們獨立自主完成。
Level 4. 卓越階段	引導個人發展與組織發展相連結,創造公正合理的職涯發展環境。

■ 卓越的領導有兩大職責：
  1. 引領方向：以策略性的手法影響組織與個人，達成事業的願景與目標。
  2. 發展人才：教導與訓練部屬不斷去提升意願與能力，以利發展組織與個人。
■ 也就是說，卓越主管人員應該激勵部屬的意願，以及培育部屬的能力，來達成事業單位的願景與目標，這才是真正的卓越領導。

正確認知卓越領導

一、卓越領導的兩大利器

　　學員在課堂上經常提問：「什麼是領導力？」我就直接回答：「領導力就如同影響力，也就是影響他人一起努力完成共同的目標。」你的單位績效有多少，就如同你的單位目標達成率有多少。身為一位卓越的主管人員，不僅要完成自身的績效目標，更需要協助部屬完成績效目標。但往往為何部屬的績效不彰呢？部屬的績效不彰，究其原因是不會做、做不好、不願意做。而不會做或者是做不好，都有可能是能力上的問題，但如果是不願意做，這不僅是能力上的問題，更可能是意願的問題了。總而言之，部屬績效不彰的原因完全取決於意願與能力的問題。筆者引用賀希與布蘭查的情境領導模式，繪製部屬績效不彰的兩大關鍵要素圖（如**圖6-1**）。

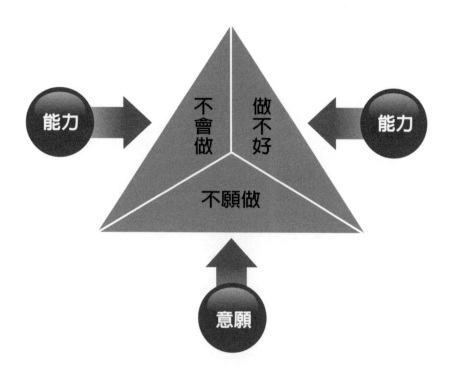

圖6-1　部屬績效不彰兩大關鍵要素

　　因此，該如何掌握部屬的績效發展，只要從部屬的「意願」與「能力」兩大核心著手，那就對了！如果能陪伴著部屬走過：「從不知如何做進步到會做的過程、從做不好增進到做的更好、從不願做提升到願意做」等，那麼就真正發揮了領導魅力了（如**圖6-2**）。所以，「領導」與「部屬」是卓越領導的兩大利器。

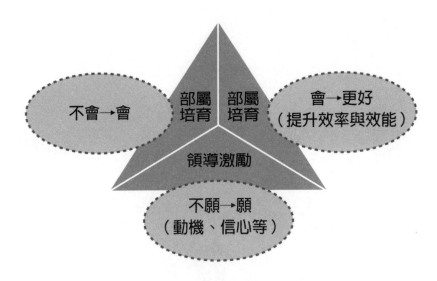

圖6-2　領導部屬提升績效兩大關鍵要素

二、檢視領導信任度

在學習如何「領導激勵」與「部屬培育」之前，請先檢視一下你的領導信任度。檢視領導信任度，有**表6-1**的十個自我評估項目。

在與部屬之間，倘若雙方沒有建立領導信任的基礎，就算再多的努力都會大折扣的，為了使領導更具有魅力，就必須儘快增進與部屬間的領導信任度。在領導部屬的互動過程中，如果讓部屬有多一點恐懼、緊張、急躁、鄙視、冷酷、挑戰、打斷、刻板、嚴厲、插嘴、辯解、爭辯、侮辱對方等的感受，這樣的領導信任度將會大大地減分；相反地，如果能讓部屬有多一點自在、輕鬆、舒適、友善、溫暖、傾聽、自由開放的說話、明白、針對行為事件不涉及人身攻擊等感受，則將會提高部屬對領導的信任度。

表6-1　檢視領導信任度
領導信任度，自我評估項目
1. 我有堅定的價值觀（例如：誠信正直、積極主動、正面思考）？
2. 對自己不知道的事情，無須故意裝懂？
3. 我不會因他人的階層、外表、學歷或貴賤，而有所差別對待？
4. 我若犯錯時，會向他人坦承錯誤，並從中學到教訓？
5. 我對他人做出的承諾，一定言出必行、說到做到？
6. 當他人犯錯時，我會以適當的方式主動勸導他？
7. 在他人遭受冷落時（或逆境時），我仍對他不離不棄？
8. 我對他人的評論不會面前說一套，背後說一套？
9. 我樂於與他人分享資訊、建立人脈與工作相關等資源？
10. 我會讓周遭的人有成長的機會，而且一天比一天更好？

激發成長的胡蘿蔔

一、塑造「胡蘿蔔」文化

在《商業周刊》第1023期中，有篇文章是相當值得我們學習的：「胡蘿蔔是什麼？它是卓越領導人的催化工具、企業組織成長的營養要素。」《牛津英文字典》認為：「胡蘿蔔是用來當作說服手段的誘人物品」。而在企業中，「胡蘿蔔」是指用來啟發與激勵員工的要素；事實上，在員工最希望老闆給的東西裡，它

的排名是最高的。簡單來說，當部屬知道自己的優勢和潛力受到讚賞時，他們願意投入精力與產出價值的機會，就會大得多。

　　根據蓋洛普針對近500萬名員工的調查指出，在組織裡加強讚賞，可以降低人員的流動率、提高顧客的忠誠度及滿意度，並且能提高組織整體的生產力。美國勞動部調查顯示，人員離開組織的最大原因是：「覺得不受賞識」。另外，一項歷時十年工作環境生產力，並訪談了約20萬名經理人與部屬的研究相關資料顯現出，能有效褒獎員工出色表現的公司，其股東權益的報酬率高達8.7%；而不能有效褒獎員工出色表現的公司，其股東權益的報酬率僅只有2.4%，兩者之間相差了三倍以上。因此，卓越和成功的企業，都是所謂的「胡蘿蔔」企業（如**圖6-3**）。

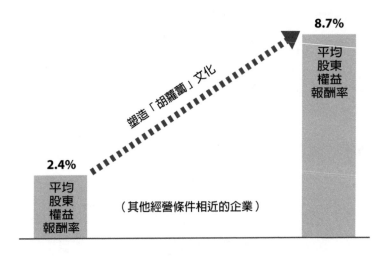

圖6-3　胡蘿蔔提升股東權益報酬率
資料來源：《大師輕鬆讀》，第229期，頁9。

✎ **大老闆的胡蘿蔔**

* 奇異前執行長傑克．威爾許：「我認為任何一家公司……
  都必須想辦法拉攏每位員工的心……假如你沒有時時想到
  讓每個人更有價值，你就沒有機會了。」
* 鴻海集團董事長郭台銘：「要永續經營，就要持續開放員
  工入股、讓員工負責參與公司經營。」
* 聯發科技董事長蔡明介：「對於員工的激勵，不止是對於
  過去表現的肯定，還包括對未來的績效作有效的承諾與投
  入。」
* 華碩電腦董事長施崇棠：「激勵者能鼓舞其他人。激勵可
  以打造一個讓員工追隨的願景。」

二、避免「爛蘿蔔」效應

一個發生在美國企業的真實個案，由於太過經典而被《華
爾街日報》（*Wall Street Journal*）刊登在一篇探討激勵員工的
文章中，故事是由一位任職於VNU媒體測量公司（VNU Media
Measurement & Information）的高級主管Eric Lang所提供的。

Eric當時在某一家貨運公司任職工作，他的有位同事得到了
「董事長獎」。當時，這位「年度最佳員工」獨自一人打開了桌

上的包裹（裝著讓他感到相當興奮的勞力士金錶）之時，卻沒有聽到主管稱讚的話語，也沒有其他同事投以羨慕的眼神，更沒有正式的頒獎儀式，僅只有在辦公室不時地響起空洞的電話鈴聲。

當Eric經過這位得獎同事的身邊，看出了同事失望的眼神，一問之下，才發現原來這個箱子裡是他的「董事長獎」，於是Eric就抓起了勞力士金錶，找了幾個同事過來，並製造了小小的頒獎儀式。在幾位同事的熱烈鼓掌下，這位得獎同事的心裡似乎舒坦好多了，但眼尖的Eric發現在盒子後面有個信封，心裡想著這肯定是董事長寫給這位得獎員工的道賀信，於是毫不考慮地打開了信封，並準備大聲朗讀一番。不料，信封裡並不是什麼董事長的親筆道賀信，而是讓這名員工自行負擔，金額高達美金5,000元的一張稅單（公司並沒有幫忙繳）。

這位董事長獎的得主，一次也沒戴上勞力士金錶，一個月之後把它變賣繳稅了，並過了幾個月後提出辭呈。業績第一名的傑出員工，在幾個月內萌生了退意，不只是公司沒幫他繳稅，更重要的是，這家公司竟然不肯用公開的頒獎儀式，來表達真誠的稱讚。一個領導眾多人才的公司，居然無法了解正式的頒獎儀式，對傑出人才而言，有多大的深層意義。

部屬對於讚美的需求，比自己想像中更大，讚美與獎賞帶來的正面效應，能讓一個人變得更積極向上。相信沒有一位主管會試圖摧毀團隊士氣，但卻可能在無意無心之中，造成了反激勵的效果。身為一位卓越主管，千萬要記住掌握激勵員工的技巧，別讓「爛蘿蔔」效應出現在你的團隊裡才是！

身為一位主管應避免爛蘿蔔的行為，以及遏止爛蘿蔔的文化的蔓延，才不致於陷入反激勵的效果。以下是筆者歸納出主管、同事與管理等三大構面，可能造成爛蘿蔔效應的因素，值得我們留意與改善的。

1. 主管構面：無能主管、玩弄權術、虛偽言行、承諾打折、延遲激勵等。
2. 同事構面：和打混的人同事、同事閒聊八卦、資深員工依老賣老等。
3. 管理構面：過於規定和官僚、過多重複或乏味的工作、缺乏好處、冗長會議、貴而無當的贈品等。

激勵部屬成功撇步

一、了解部屬需求

卓越主管人員透過激勵的方式，提升部屬工作意願，以利完成組織績效目標，這包含了部屬的需求與深信，同時也要求付諸行動，展現出績效成果（如**圖6-4**）。

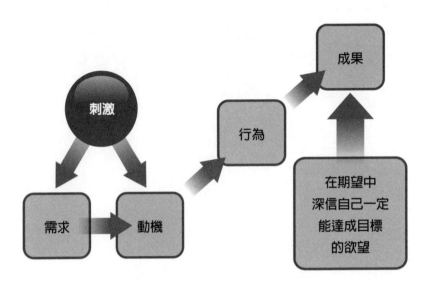

圖6-4　刺激部屬需求

　　因此，我們必須了解部屬的需求，再來思考如何滿足部屬。
一般而言，部屬的需求層次是會由下而上提升的，例如信心、薪
資、工作環境、工作保障、安全感、人際關係、領導方式、工作
表現受賞識、成就感、發展機會、公司願景、價值理念等。也就
是要激發部屬在當下的實際需求，並且使他在期望中深信自己一
定能達成目標的欲望。其中，部屬的需求有關於薪資、工作環
境、工作保障、安全感、人際關係、領導方式、工作表現受賞
識、成就感、發展機會等部分，可參考馬斯洛（Maslew, Abraham,
1908-1970）的需求理論（如**圖6-5**）。

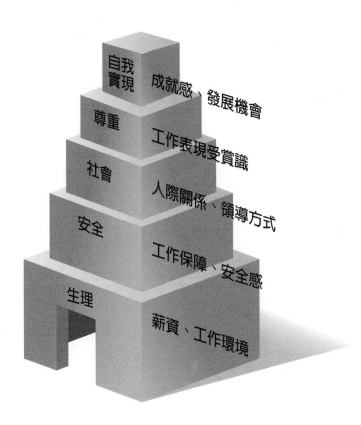

圖6-5　馬斯洛需求理論

二、激勵部屬意願實務作法

　　表6-2是筆者整理出激勵部屬意願的實務作法，提供參考。

表6-2　激勵部屬意願實務作法

項目	具體作法
一、塑造共同願景	1. 成為全球第一大品牌。 2. 整合全球科技為客戶增加價值。 3. 溝通、分享如何共創未來。 4. 產生革命情感。 5. 個人職涯與公司發展契合。
二、建立核心價值	1. 提升組織的價值認同。 2. 建立團隊合作與共識。 3. 在會議中公開宣導。 4. 強化責任感與榮譽感。
三、授權與委以任務	1. 漸進式的教導與設定目標。 2. 充分信任與授權。 3. 給予發揮的舞台。 4. 提供適時支援（資源）。 5. 創造同事間良性競爭。
四、及時讚美與激勵	1. 口頭或書面稱讚。 2. 公開表揚。 3. 表示支持與鼓勵。 4. 給予協助。 5. 多鼓勵、少批評。 6. 肯定表現的成就。
五、共同參與團隊提升向心力	1. 主管以身作則。 2. 互相探討學習團隊工作模式。 3. 促進同事間相互支援。 4. 參與會議了解公司運作。 5. 舉辦研習與課程（提升共識）。 6. 工作之餘團隊聚會。
六、獎懲回饋機制	1. 訂出KPI（績效）連結獎懲。 2. 升遷／加薪／獎金／分紅／國外旅遊／聚餐／福利。 3. 恐懼式懲罰。

除了可以運用以上激勵部屬意願的實務作法外，還可以花點小錢就能達到激勵的效果，例如親筆寫上感謝函並描述被激勵者的具體貢獻；用E-mail表揚被激勵者，同時傳送給被激勵者的上二層主管及人資部門；在公司顯眼處貼上主管對被激勵者的讚語；請董事長（總經理）親筆簽名或親手送給績優員工；出差或出國旅遊時，帶個貼心伴手禮；訂製個性化專屬禮品、下午茶點、讀書禮券等等方式，只要是及時、用心與貼心的為部屬著想，就能達到激勵的效果。以上這些人性式的激勵方式，是比較可長可久的，甚是禮物贈品不在於價格的貴重，畢竟精神層面是凌駕物質層面的，這也就是所謂的「禮輕情意濃」。

三、因成熟度高低的激勵重點

在部屬發展的階段中，因成熟度的不同，激勵重點也會有所差別。筆者引用賀希與布蘭查的情境領導模式，製成**表6-3**，以供讀者參考（可參考第3章「授權分配與排序」）。

表6-3　部屬發展激勵重點			
部屬成熟度	關鍵要素		激勵重點
	能力	意願	
D1（S1指揮式）	低	高	1. 詳盡的解說。 2. 明確說明工作規定。 3. 關心工作進度。 4. 見習觀摩標竿表現。 5. 伴隨出任務。 6. 問候與關愛。
D2（S2教導式）	低	低	1. 行前排演。 2. 陪同出任務。 3. 一起演練。 4. 徵詢他的意見。 5. 充當助手。 6. 報告工作過程。 7. 具體明確的回饋。 8. 協助教導與成長。 9. 即時檢討與糾正。 10. 追蹤執行進度。 11. 負擔部分工作。 12. 真誠的讚美。
D3（S3參與式）	高	不穩	1. 給予鼓勵與支持。 2. 聆聽他的意見。 3. 協助設定目標。 4. 共同討論決定目標。 5. 不干涉執行細節。 6. 追蹤檢核要點。 7. 尋求改善的方法。 8. 肯定他的表現。 9. 探尋職涯發展。
D4（S4授權式）	高	高	1. 授權負責任務。 2. 尊重他的決定。 3. 不介入執行方法。 4. 回報工作成果。 5. 分享成功經驗。 6. 訓練其他同仁。 7. 一起討論組織目標。 8. 給予報酬回饋。

有效培育部屬秘訣 ━━━━━

一、培育部屬的好處

　　培育部屬對於公司、主管與部屬都有莫大的好處，分別說明如下：

1. **對公司而言**：經驗承傳、品質穩定、減少浪費成本、塑造學習風氣、創造組織活力、因應技術革新、提升競爭力以及提升整體績效等。

2. **對主管而言**：「授權」的基礎、減輕負擔、明確交辦事情、集中做重要的事、目標易於達成、了解部屬潛能、容易培養人才等。

3. **對部屬而言**：容易學會、不容易出錯、提升能力、增進信心、滿足自我成就感、激勵自我啟發、建立信任等。

二、培育部屬的時機

　　培育部屬的時機也是相當重要的，如果無法掌握適當的時機，培育部屬的成效將會事倍功半。因此，你必須把握部屬成長、組織發展與規則改變等，培育部屬的三大時機，分別說明如下：

1. **部屬成長**：新加入團隊成員、部屬表現有問題、重要目標需協助時、部屬升遷時等。
2. **組織發展**：擴大部門功能、增進業務工作深度、新產品上市等。
3. **規則改變**：修訂相關辦法、引進新設備或新技術、變更作業流程等。

三、盤點部屬能力

培育部屬訓練需求的產生，是指預期的目標（KPI關鍵績效指標）、標準作業程序（SOP）或職位說明書，與部屬的實際狀況的差距。也就是說，應事先盤點部屬的能力，倘若對部屬預期的能力目標或標準有落差時，將會實施培育訓練給予補強。一般而言，部屬的能力是指知識、態度與技能等綜合因素，以行為的方式展現在績效上。

再者，部屬的能力可分為以下五個等級：

Level 1：不會做。
Level 2：學過會做。
Level 3：能獨立作業。
Level 4：能獨立作業／會障礙排除。
Level 5：能獨立作業／會障礙排除／會指導別人。

也可以使用「部屬能力診斷盤點表」，來盤點部屬能力（如**表6-4**）。

表6-4　部屬能力診斷盤點表

工作分析 ↓ 工作説明 ↓ 工作項目	目前具備的能力水準					工作規範要件		
	5　4　3　2　1 指導別人　排除障礙　獨立作業　學過會做　不會做					預期水準	目前水準	差距
	5　4　3　2　1							
	5　4　3　2　1							
	5　4　3　2　1							
	5　4　3　2　1							
	5　4　3　2　1							
	5　4　3　2　1							
	5　4　3　2　1							
	5　4　3　2　1							
	5　4　3　2　1							
	5　4　3　2　1							

四、培育部屬常用的管道

培育部屬常用的管道，有OJT線上訓練（日常工作崗位上訓練，on-the-job training）、OFF-JT集中訓練（工作崗位外訓練，off-the-Job Training）、SD自我啟發（self-development）、以及等人力資源管理機制等四種類型（如圖**6-6**）。

❑ OJT線上訓練

主管對部屬日常工作的指導、示範、改正及意見回饋，使得部屬在執行任務的過程與工作經驗的累積而獲得學習。主管人員經常使用的OJT方式，有主管接觸指導、強化權責、強化權責、建立標準、人資制度與進修研討等六大方式，分別說明如下：

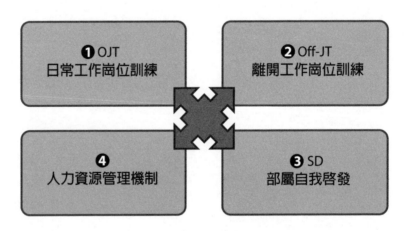

圖6-6 培育部屬四大類型

1. 主管接觸指導：以身作則、示範、經驗分享、發問、糾正錯誤。

2. 強化權責：跨部門溝通協調、赴外交涉、參加對外會議、設立共同目標、授權、讓他指導新人、分擔主管工作、職務代理。

3. 調整職務：工作豐富化、工作擴大化、編寫企劃書、專案負責人（改善或革新專案）。

4. 建立標準：編寫作業標準書、編寫辦法（程序書）、編寫產品說明書。

5. 人資制度：實習、輪調、提案改善、兼任職務。

6. 進修研討：專題報告、心得報告、輪流主持會議。

　　其中，調整職務部分的工作豐富化，可以使部屬增加工作深度及建構工作較為完整，擁有獨立的自主權，增進自我監督責任，更能運用PDCA的工作管理。如能運用工作擴大化，也能擴大部屬的視野，養成多能工的訓練，對組織的彈性調配人員等，將有莫大的好處。規劃好OJT培育部屬的方式，接下來，可以進一步地展培訓計劃了。

OJT培育計畫與展開表

月／日	課程主題	時數	方法	上課對象	地點	主辦	需要資源 （預算、教具、人力）

❒ OFF-JT集中訓練

　　這項訓練不論在廠內或廠外實施，學員須離開工作崗位，並於特定時間與主題，聘請學有專精的專家主持、講授或研習的一種訓練方式。

❒ SD自我啓發

　　SD自我啟發係指員工能力開發的原動力。自我啟發的意願高低，會左右企業的未來發展，必須積極地協助員工進行自我啟發。當部屬在以下情境時，會強化自我啟發的意願，例如分配更高層次的工作、加重權責、培養第二專長時、面臨困難／障礙、迫切需要解決問題、明確職涯發展、受到主管的信賴與重用、有晉升的機會等。因此，聰明的你，必須經常促使以上的情境發生，部屬才會自動自發地進行自我啟發，那培訓工作就能達到事半功倍的效果了。

　　依上述的三種管道，筆者整理出了培育部屬的金三角（如**表6-5**）及培育部屬的實務作法（如**表6-6**），提供讀者參考。

表6-5　培育部屬的金三角

類別	OJT線上訓練（日常工作崗位上訓練，On-the-Job Training）	OFF-JT集中訓練（工作崗位外訓練，Off-the-Job Training）	SD自我啟發（Self-Development）
意涵	主管對部屬日常工作的指導、示範、改正及意見回饋，使得部屬在執行任務的過程與工作經驗的累積而獲得學習。	不論在廠內或廠外實施，學員需離開工作崗位，並於特定時間與主題，聘請學有專精的專家主持、講授或研習的一種訓練方式。	係指員工能力開發的原動力，自我啟發的意願高低會左右企業的未來發展。因此，卓越主管人員必須積極地協助員工進行自我啟發。
優點	1.主管本身就是教導者。 2.主管最清楚部屬的訓練需求。 3.教學相長。 4.最能支援部屬的工作。 5.建立彼此的信賴關係。 6.預算可以投入較少。 7.最容易評估訓練成效。	1.講師具專業知識及教學技巧。 2.內容較為專業與深入。 3.學員分享經驗與相互交流。 4.時間較為充裕。 5.學員能夠專注受訓。	1.自我學習與相互啟發。 2.發揮潛在的學習本能。 3.學習的時段較為彈性運用。 4.塑造組織學習的文化。
缺點	1.不知如何開始做起。 2.主管專業知識有限。 3.一次只能教導少數。 4.時間壓力較大。 5.教導方式較為枯燥乏味。	1.主管較少參與投入。 2.學員時間不易整體集中安排。 3.成本費用較高。 4.場地安排較費心思。	1.學習成效不易落實組織績效。 2.學習成效很難評估。 3.學習文化養成時間較長。

表6-6　培育部屬的實務作法

項目	具體作法
一、辦理教育訓練	1. 企業內部／外部訓練、KM系統分享、E-learning。 2. 階層別（管理）訓練、部門別（專業）訓練、通識課程訓練。 3. 通過專業認證。 4. 參加說明會、展覽。 5. 舉辦發表會。 6. 經驗與成果分享。
二、交付任務	1. 觀摩學習。 2. 分擔部分工作。 3. 實際參與運作（設定明確的目標）。 4. 負責專案工作。 5. 擔任會議主席。 6. 多工代理工作、職務輪調。 7. 工作豐富化（廣度）。 8. 工作擴大化（深度）。 9. 提升為內部（教學）講師。
三、經驗傳承	1. 主管親自輔導與傳授。 2. 老鳥帶菜鳥。 3. 同事間相互交流。 4. 建立教學規範程序。
四、團隊研討	1. 分享成功案例。 2. 建立學習平台（研討會、讀書會、學習網站等）。 3. 交流網路資訊（E-mail）。
五、自我啟發	1. 專題報告。 2. 閱讀書籍、講義、手冊、期刊。 3. 設定學習目標。 4. 進修學分班（EMBA）。

《管理雜誌》第374期中,有統計顯示,在哪些情境下部屬的學習效果較佳?有高達67%的比例認為,能與同事一起努力完成某項任務;換句話說,就是給予部屬設定目標且有效達成,是最好的學習成效,所謂「不經一事、不長一智」是學習成長的最高原則。其餘分別為,由自己獨立進行研究,占了21%;當同事(或主管)單獨說明,占了10%;藉由閱讀手冊或教科書,僅有2%而已(如**圖6-7**)。

　　領導人就像教練一樣,要給予部屬任務與目標,要規劃妥善的訓練計劃,更需要激勵與溝通,也要指導與訓練,同時,激發他的意願,時時給予鼓舞、打氣,才能協助部屬一同成長!千萬記住,不要太在意部屬會待在公司多久,而影響了對部屬的培育;更不要太在乎部屬是否一訓練完就離職了,而降低了培訓的意願。因為每一個人將會為了他們各自的理由而離開公司,但只要他們離職後,仍認為你是個令人感恩的卓越主管,曾經陪伴著他走過職涯成長的過程,那也算是盡到領導的責任了。

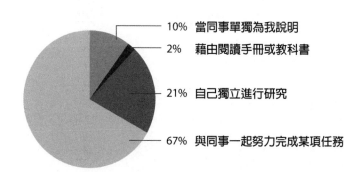

　　10%　**當同事單獨為我說明**

　　2%　**藉由閱讀手冊或教科書**

　　21%　**自己獨立進行研究**

　　67%　**與同事一起努力完成某項任務**

圖6-7　培育部屬學習效果

資料來源:《管理雜誌》,第374期,頁58。

 策略性的思考與執行

一、胡蘿蔔是企業組織成長的營養素，回顧自己的職涯過程中，
　　曾經用過（或被用過）哪些激勵部屬意願的實務作法？有哪
　　幾個效果特別好？

二、有時候，激勵部屬不一定要花大錢，試著想想看，有哪些激
　　勵部屬的作法，只要花500元以內就會有不錯效果的？

三、員工的「自我啟發」是學習成長的原動力，也將會左右組織
　　學習的發展。身為主管的你，在平時該做哪些措施，以促進
　　部屬自動自發的自我學習呢？

PART 4 組織變革〔團隊導向〕

CHAPTER 7 KPI與目標管理

CHAPTER 8 策略規劃與擬定

CHAPTER 7 KPI與目標管理

設定目標的定義愈明確，組織成員對未來就更具信心，力量也就愈大；設定目標的定義愈模糊，組織成員會對未來產生恐懼，力量也就愈小。因此，你的事業是否有所成就，關鍵在於，「信心」的天使能否戰勝「恐懼」的魔鬼。

~石博仁

本章的管理職能發展，依序分爲學習、運用、指導與卓越四大階段。

職能階段	階段說明
Level 1. 學習階段	設定績效目標需由主管提供，稍加督促才會去執行。
Level 2. 運用階段	設定可行性的具體績效目標，設法克服障礙，並適切地達成。
Level 3. 指導階段	設定挑戰性的具體績效目標，建設可衡量的評估標準，全心努力達成。
Level 4. 卓越階段	設定高挑戰的具體績效目標，並達成別人認爲不可能的成就。

■ 再完善的組織運作，或再有效的激勵溝通，都無法改變基本法則——
「聚焦」。
■ 你必須聚焦在事業單位1~3個的策略、16~28個的KPI，以及部門單位
3~9個的績效目標。
■ 專注成果的產出攸關績效的評估與管理，因此設定明確的績效目標是
績效展現的首要任務。

建構關鍵績效指標

一、什麼是KPI

　　KPI〔Key of Performance Index （Indicate），簡稱KPI〕是經
營管理的關鍵績效指標，主要目的為檢視企業年度政策，與策略
主題相關目標執行結果之關鍵衡量要素。如同飛機駕駛的儀表，
在複雜的飛行任務中，若只有一項指標資料，航行是非常危險
的！儀表板必須能同時提供許多的重要資料，例如油料、航速、
氣壓、溫度、高度、經緯度、目的地等，以及對未來環境的預測
模擬，好讓飛機駕駛員（如同卓越管理人員）作好判斷與因應，
才能安然抵達目的地。

　　換言之，KPI是眾多績效目標中的關鍵指標，它攸關企業競爭
力與永續經營發展的主要命脈。因此，同一事業單位的主管人員
必須拉近彼此間的認知，儘量有一致的共識來努力完成事業單位

16~28個的KPI，才能如期達到企業的願景與目標。

在輔導與授課的企業中，發現很多企業的KPI發展了一百多個，而且還相當發散的KPI，最後造成管理上的困擾與執行力的不佳。如果我們再一次檢視「關鍵績效指標」的意涵，就不難發現「關鍵」代表的是「關鍵少數」而並非是多數發散。以台灣企業的經驗而言，同一事業單位大約有16~28個KPI較為聚焦且較能有效地落實執行，主管人員也較能夠對於公司的政策，採取開放的分享與溝通態度，以及員工高度的團隊合作與自我管理。

在企業的KPI方面，美國奇異公司就是一個很好的例子。該公司以列出七個項目來測量其組織績效（營運成果）先後已歷三十年之久，其分別為：獲利力（profitability）、市場地位（market position）、產品之領導性（product leadership）、人力發展

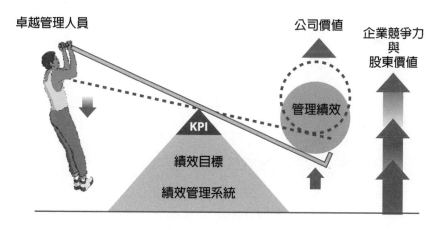

圖7-1　KPI創造價值

（personnel development）、員工態度（employee attitudes）、公共責任（public responsibility）、短程目標與長程目標之整合（Integration of short and long range goals），分別說明如下：

1. **獲利力**：指扣除各項費用後的利潤而言。所稱的各項利潤，包括了資金成本在內。
2. **市場地位**：是以市場佔有率為主要的考慮要素。除此以外，奇異公司還曾經設計評量顧客的滿意度，以及嘗試發掘顧客的潛在需要等思考面向。
3. **產品之領導性**：包括產品之創新能力、市場地位及對於新觀念之運用能力等。
4. **人力發展**：奇異公司相當注重這方面，最主要是在公司需要某種人才時，是否能夠及時有該項人才可彈性運用。換言之，除了彌補員額的遺缺之外，是否能有充分的人才供給，才能對新工作環境的挑戰與因應。
5. **員工態度**：工作上常用的因素，包括人力流動率、員工出勤率，不定期實施員工內部滿意度調查報告。
6. **公共責任**：包括許多不同的對象，例如奇異公司對員工的責任、對顧客的責任、對股東的責任，以及對當地社區（community）的責任等，都已經各別建立了一套相關的計量指數，足以顯現奇異公司處理以上這些責任的因應程度。
7. **短程及長程目標的整合**：奇異公司固然重視短程目標的擬訂，同時也強調如何兼顧長程目標。

參考上述奇異公司KPI的之衡量因素而得知，奇異公司對於這七個指標項目，能透過對營運成果的過程，發現有哪些問題需要改善，以及發展出對組織與個人的績效目標，進而形成屬於自己公司文化的經營策略與績效評估模式。因此，奇異公司可以算是KPI的先驅者。

二、建立KPI的方式

大部分企業建構KPI有以下兩個方式：

1. **未使用平衡計分卡四個構面的企業**：由高階主管依年度目標指示事項、跨部門共同達成的任務、對提升績效具有革新的作為以及針對策略性主題（問題）作改善等，來思考KPI的來源。企業常用的策略性主題（問題）來作改善，除了營業額與盈餘之外，筆者也整理出有關策略性主題的改善項目（如**表7-1**）。

表7-1 策略性主題改善項目

類別	相關改善目標項目
Q（Quality）品質	不良率上升、顧客滿意度降低、客訴增加
C（Cost）成本	加班時數過長、庫存過高、應收款期間過長、人員流動率上升
D（Due）交期	交貨延遲、回應太慢、等待過久、工程時數過長、研發時程過長
S（Safety）安全	工安事件頻傳、環境衛生不佳

2. **有使用平衡計分卡四個構面的企業**：乃引用哈佛大學教授 Robert S. Kaplan與諾朗頓研究院執行長David P. Norton以平衡計分卡四大構面（財務、顧客、內部流程、學習成長等）來展開行動方案與KPI（如**圖7-2**）。它能將企業年度政策（策略主題）與行動目標做有效連結外，系統思考的結構性更具完整，並且有環環相扣的因果關係；也就是說，學習成長構面做的好，將會使內部流程更順暢，內部流程構面做的好將會使顧客更滿意，顧客構面做的好將會使財務報表更漂亮，所以KPI不僅專注於一種構面的衡量指標，而是以平衡財務、顧客、內部流程及學習成長等四個構面的多項指標為訴求（如**圖7-3**、**圖7-4**）：

(1) 「短期」與「長期」指標的平衡：原則上，「短期」是指財務、顧客構面；「長期」是指內部流程、學習成長構面。

(2) 「財務」與「非財務」指標的平衡：原則上，「財務」是指財務構面；「非財務」是指顧客內部流程、學習成長構面。

(3) 「外部」與「內部」指標的平衡：原則上，「外部」是指財務、顧客構面；「內部」是指內部流程、學習成長構面。

(4) 「落後」與「領先」指標的平衡：原則上，「落後」是指財務、顧客構面；「領先」是指內部流程、學習成長構面。

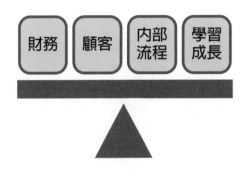

圖7-2　KPI兼具四大構面

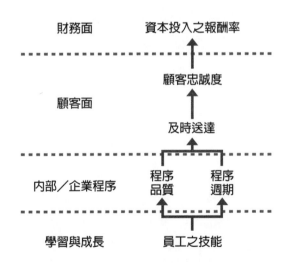

圖7-3　平衡計分卡各層面之因果關係圖

資料來源：Kaplan and Norton.(1997). *The Balanced Scorecard.* Harvard Business School Press. p.31.

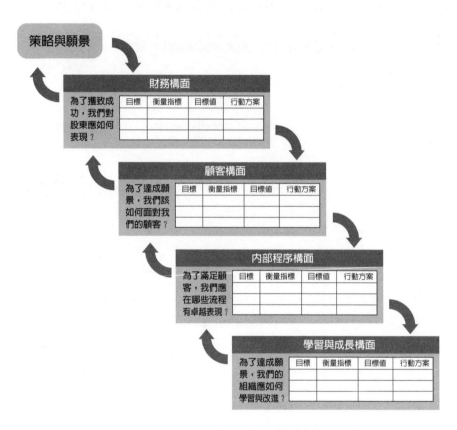

圖7-4　定義策略的因果關係圖

資料來源：Kaplan R. and D. Norton,(2000). *"The Strategy-Focused Organization,"* Harvard Business School Press, Boston, Massachusetts, USA, p.77.

發展關鍵績效指標

一、正確找出KPI

　　建構KPI的方式有未使用與有使用平衡計分卡四個構面兩種，大部分的企業會採用第二個方式，除了結構完整外，也因為因果關係的連結與整合也比較能夠連貫，如**圖7-5**所示。

策略主題：全面性解決方案服務領導			KPI		可行性行動方案
			衡量項目	目標值	
財務面	策略目標	舊產品在新市場或新客戶的擴張 / 提昇新產品營收	新產品營收成長率	30%	
			舊產品在新客戶的佔有率	25%	
顧客面	策略目標	滿足客戶一次購足之需求	目標客戶對產品組合之服務滿意度	80%	增進顧客服務滿意度調查
			目標顧客之成交率	10家	
內部流程面	策略目標	產品管理組合 / 應用配方及技術整合服務管理	引進新產品件數	3件	引進PCB與LCD相關產業產品
			目標案件結案率	90%	
學習成長面	策略目標	產品應用研發組合能力 / 培養產品研發人才	產品研發組合到位率	100%	產品組合發展計畫研發人員培訓計畫
			養成獨立研究員	3名	

圖7-5　發展KPI關係圖

企業在發展KPI時，必須思考以下幾項關鍵因素：

1. 是否與策略主題(重點)有相關？
2. 是否合乎「SMART」原則？
3. 達成率計算公式是否恰當？
4. 資料的取得是否容易？
5. 資料的數據是否可靠？
6. 是否兼顧領先與落後指標？

因此，在輔導與授課的企業中，發現企業在四個構面上常用的，而且有效的KPI，可歸納如**表7-2**。

另外，KPI的說明書也是相當重要的一環，畢竟將KPI講清楚說明白，必將幫助於落實後續的有效執行。因此，除了KPI的定義必須說明清楚外，也應包含現況值、目標值、衡量單位（%、億、萬、件、個）、性質（愈高愈好／愈低愈好）、屬性（領先指標／落後指標）、檢討週期（季／月／週），以及主要負責單位與次要負責單位（如**表7-3**）。

表7-2 企業常用的KPI	
一、財務構面	
✔ 營業收入。	✔ 存貨金額。
✔ 毛利率。	✔ 存貨週轉天數。
✔ 營業獲利。	✔ 存貨週轉率。
✔ 每股盈餘。	✔ 降低成本。
✔ 營收成長率。	✔ 單位成本。
✔ 獲利成長率。	
二、顧客構面	
✔ 市場占有率。	✔ 舊顧客購買金額比率。
✔ 目標顧客延續率。	✔ 舊顧客購買金額成長率。
✔ 顧客成長率。	✔ 有效訪問顧客率（新顧客）。
✔ 新顧客成長率。	✔ 產品集中度。
✔ 顧客達成率。	✔ 客戶集中度。
✔ 顧客滿意度。	✔ 顧客抱怨數。
✔ 目標顧客獲利率。	✔ 顧客抱怨回應達成率。
✔ 平均成交天數。	✔ 顧客抱怨對應達成率。
三、內部流程構面	
✔ 製程不良率。	✔ 外包批退率。
✔ 總合作業效能。	✔ 半成品批退率。
✔ 交貨達成率。	✔ 採購付款日數。
✔ 設備稼動率。	✔ 原物料報廢率。
✔ 產能負荷率。	✔ 供應商交期達成率。
✔ 製程報廢率。	✔ 供應商交貨退回率。
✔ 成品報廢率。	✔ 待料比率。
✔ 進料批退率。	✔ 新產品試產良率。
✔ 成檢不良率。	✔ 進料檢驗不合格率。
✔ 成檢批退率。	
四、學習成長構面	
✔ 跨部門職位調動率。	✔ 資訊科技效率滿意度。
✔ 主管輪調率。	✔ 新進人員留任率。
✔ 員工平均受訓時數。	✔ 策略性員工適任率。
✔ 多能工率。	✔ 策略性員工離職率。
✔ 特定課程訓練時數。	✔ 員工離職率。
✔ 有效提案被採納率。	✔ 專業認證合格人數比率。
✔ 外部講師與內部講師人數比例。	✔ 員工滿意度。
✔ 外部講師與內部講師時數比例。	✔ 員工流動率。
✔ 教育訓練計劃之達成率。	✔ 養成特定人員數。

表7-3　KPI說明書

項目	1	2	3
KPI			
定義說明			
現況值			
目標值			
衡量單位（％、億、萬、件、個）			
性質（愈高愈好／愈低愈好）			
屬性（領先指標／落後指標）			
主要負責單位			
次要負責單位			
檢討週期（季／月／週）			
資料來源			
達成率計算公式			
Q1達成率			
Q2達成率			
Q3達成率			
Q4達成率			

　　聰明的你，這本書閱讀到這裡，是否已經發現「平衡計分卡」的功能為何？它是源自於哈佛大學教授Robert S. Kaplan與諾朗頓研究院執行長David P. Norton於1990年所從事的「未來組織績效衡量方法」研究計畫中，所找出超越傳統以財務會計量度為主的績效衡量模式；主要功能，是使組織的願景策略轉換為行動目標，也是一種連結組織目標和績效管理制度的重要管理工具（如**圖7-6**）。

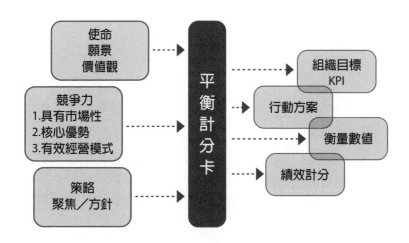

圖7-6　平衡計分卡的功能

二、編製KPI報表

要如何編製KPI報表呢？大部分的企業都採用Microsoft簡單易懂的「紅綠燈」原則，來檢視KPI的達成率程度，通常達成率80%以上顯示「綠燈」；達成率在60%~80%之間顯示「黃燈」；達成率在60%以下顯示「紅燈」，可運用Excel軟體自行來編製報表（如**圖7-7**）。

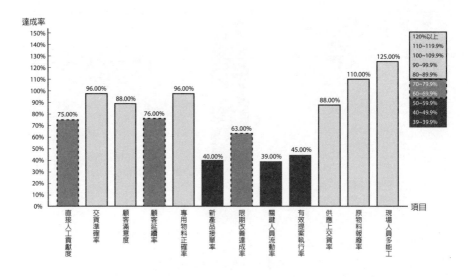

圖7-7　KPI管理報表

　　主管人員在年度（半年度）管理會議時，可依此報表來檢討說明，如果達成率在80%以下的「黃燈」或「紅燈」的KPI，必須列為改善的績效目標，找出問題與原因為何，並提出矯正的措施與可行的對策。

績效目標五大類型

一、績效目標的好處

　　「目標管理」的概念是彼得・杜拉克，在1954年出版的名著

《管理實踐》中最先提出的。其後，他又提出「目標管理和自我控制」的主張，改善層級化、部門化、個人主義、本位主義等的缺失，進而經由設定目標、團隊合作以及自我控制等的方式，來共同達成目標。一直到1964年，彼得‧杜拉克又將「目標管理」擴充為「成效管理」，至今都是企業的「績效」評估與管理的經營重點。因此，「目標管理」的運用自從提出以後，便在美國迅速流傳開來，並且迅速地被日本、歐洲國家的企業所採用，在全球的企業管理界大行其道。以台灣的標竿企業宏碁集團為例，董事長王振堂先生負責宏碁及其關係企業之營運與決策，在面對組織龐大的企業運作時，採取「目標管理」的方式，使各事業處能充分掌握數據與發揮效能，以及快速地滿足客戶需求。每每在公開場合面對外界質疑營運目標時，宏碁均能堅守預期目標，來凸顯出「目標管理」上的優勢；另外，堅守**數字管理**的營運模式，也使得宏碁打敗低毛利的產業生命週期。

　　績效目標定義如果愈明確，組織的力量就愈大；績效的衡量評估標準愈清楚，組織的運作就會愈有效。也就是說，管理者與執行者形成共識的績效目標，才是企業的管理聖經。所以，必須專注在3~9個的績效目標，並將組織的績效目標，有效地分解並授權展開成部屬的子目標，且界定組織期望每位成員達成效果的主要責任範圍，以利對成果作有效的評估與回饋。如果能事先設定好明確的績效目標，對組織和個人都將有益處（如**表7-4**）。

表7-4　績效目標的好處	
一、就組織而言	1.有助於年度目標有效達成。 2.強化組織溝通。 3.提升團隊合作。 4.授權分配目標。 5.資源有效地分配。 6.以利效率控管。 7.激發團隊的運作動能。 8.發展人才（幹部）。
二、就個人而言	1.角色定位更明確。 2.啟發個人自動自發。 3.增進規劃完成目標的方法與步驟的能力。 4.激發個人潛能與促進學習。 5.工作品質與生活品質終將獲得改善。

二、績效目標的來源與依據

　　思考績效目標的來源與依據之前，必須掌握「80／20」法則：一小部分的原因、產入或努力，通常可以產生大部分的結果、產出或酬勞，而80%的產出，來自於20%的產入；80%的結果，歸結於20%的原因；80%的成功，歸功於20%的努力。也就是說，績效目標是眾多複雜工作20%的關鍵部分，將會產出80%的成果。因此，主管人員可以從以下兩大方向來思考績效目標的來源：

□ 關鍵績效指標

上層主管依年度目標指示事項（四個構面：財務、顧客、內部流程、學習成長等）、跨部門共同達成的任務、對提升績效具有革新的作為、針對策略性主題（問題）作改善等，大部分是由上而下的展開，由公司（或事業部）的組織目標，向下分配至各部門，然後再分配到單位與個人（如**圖7-5**、**圖7-6**）。

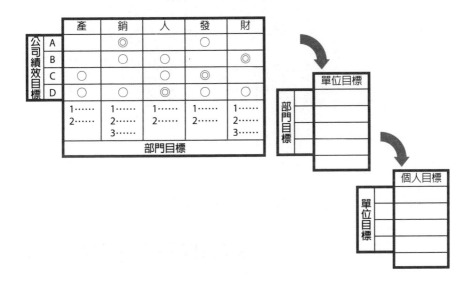

圖7-5 組織目標由上而下展開

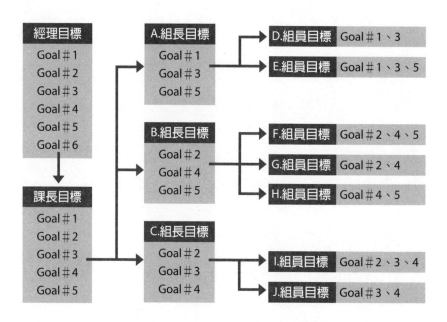

圖7-6 主管人員目標由上而下展開

☐ 部門績效指標 (Department Performance Indicate，簡稱DPI)

確實執行部門執掌內容並提出改善、根據自己之工作說明書、其他部門要求協助事項，大部分是由下而上提報的績效指標。

就以上設定績效目標的來源依據，在輔導與授課的經驗中，將一般企業的績效目標分類為組織、革新、改善、日常與學習等五大目標類型（如**圖7-7**）。

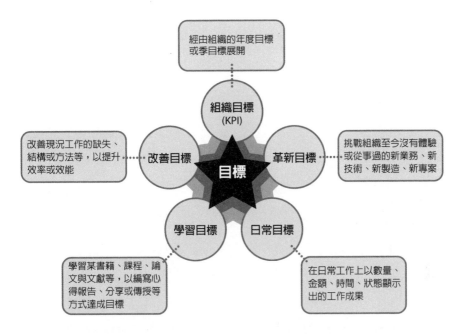

經由組織的年度目標
或季目標展開

組織目標
(KPI)

改善現況工作的缺失、
結構或方法等,以提升
效率或效能

改善目標

目標

革新目標

挑戰組織至今沒有體驗
或從事過的新業務、新
技術、新製造、新專案

學習目標

日常目標

學習某書籍、課程、論
文與文獻等,以編寫心
得報告、分享或傳授等
方式達成目標

在日常工作上以數量、
金額、時間、狀態顯示
出的工作成果

圖7-7 績效目標五大類型

設定明確績效目標

　　設定績效目標,是「目標管理」最重要的工具與方法。彼
得・杜拉克在《管理:使命、責任、實務》一書中明確指出,設
定績效目標應有以下的五大思考程序。

1. 該做什麼(what)?是指完成的結果。
2. 該怎麼做(how)?是指過程如何運用。

3. 哪些地方不足（which）？是指人力、物力、財力、資訊與技術等資源夠不夠。

4. 做到何時為止（when）？一年、半年或一季為一週期。

5. 做到程度如何（how much）？量化的程度（%、億、萬、件、個）。

一、 「SMART」原則

　　哪些沒有價值的績效目標，該拋諸腦後？哪些績效目標，該排在前面？又該將心力專注在哪些重要績效目標上？所以，設定明確的績效目標是具體地描述在某段期間應完成的成果。首先，績效目標的設定要講清楚說明白，而不是概略性含糊的帶過；設定績效目標必須掌握「SMART」原則，用量化的指標來訂定具挑戰性且實際可完成的，結合工作表現的相關重點，並在限定的時間內完成等等（如**表7-5**）。

表7-5　「SMART」原則	
S（Specific）特定的	要清楚說明，而不是一個概略性的。
M（Measurable）可衡量的	要清楚說明，而不是一個概略性的。
A（Achievable）可達成的	具挑戰性且實際可完成的。
R（Relevant）有關連的	必須與工作表現的重點相關。
T（Timely）有時間範圍的	在限定的時間內完成。

例如：6／30達成營業額4.2億、12／31提升良率98%、6／30降低顧客抱怨率8%、12／31縮短等候時間二小時等等，都是常用設定績效目標的「SMART」原則。設定績效目標的期間，大部分以一年（或半年）為一週期，半年調整一次（上修或下修），並再切割成季目標，也有少數會切割成月目標。

在筆者輔導與授課的過程中，發現大部分企業都會將「目標管理」誤以為是「設定目標」，主管人員設定好目標，就會把目標高高掛上，卻沒有再進一步地有效執行與追蹤以及輔導部屬完成目標等，因此到了期末造成績效目標達成率的偏低，殊不知「設定目標」只不過是「目標管理」計劃（plan）的部分，後續做（do）、檢視（check）與執行（action）等，才是更為重要的部分。因此，筆者整理出「目標管理」的真正意義，可分為如下的兩大部分：

1. **就整體成果而言**：組織經營階層明確訂定組策略重點與組織目標後，必須對其有效地分解，轉換成各部門（單位）以及每個人的分目標，並界定組織期望每位成員達成績效成果的主要責任範圍，以利在期末作有效的評估與回饋。
2. **就動態過程而言**：目標管理乃是要求主管、部屬及同仁間必須有所互動的一種過程，它包括了計劃展開、有效的激勵、開放的溝通、績效評估與面談、部屬培育等。

　　主管人員對於部屬之間的管理工作，攸關整體成果與動態過程的雙向互動，那兩者的比例該如何抓捏或分配，端賴你對部屬「成熟度」的判斷，成熟度愈高的部屬，對他的整體成果的互動比例就愈高，動態過程的互動比例就愈低；成熟度愈低的部屬，對他的整體成果的互動比例就愈低，動態過程的互動比例就愈高。

二、進階設定績效目標

　　在設定明確的績效目標時，必須掌握「SMART」原則之外，尚須協助部屬設定績效目標的執行與追蹤，如能進一步地著手規劃「5W2H」（如**表7-6**），那這樣的績效目標就更加完整了。

表7-6	「5W2H」原則
「5W2H」	**說明**
1. Why	為什麼需要這些績效目標？與公司營運有關？還是部門改善有關？……
2. What	該做些什麼？聚焦在3~9個績效目標為何？權重大小（總共100%）如何分配到各績效目標？……
3. How	該怎麼做？有什麼方法與步驟能快速高品質且成本最少的完成目標？……
4. Who	單位目標要給誰負責去執行？授權分配給部屬？還是自己來執行？……
5. Which	哪些資源不足，人力？物力？財力？技術？資訊？時間？……
6. When	做到何時為階段性的成果展現？大目標如何切割成小目標？何時為階段性的檢核時間點？……
7. How much	做到程度為何？如何用量化來展現？……

　　如果已經規劃好了「5W2H」，那後續授權部屬分配績效目標，以及有效工作計劃與行動步驟等的管理工作，也早就已勾勒出初步的藍圖了。

策略性的思考與執行

一、在組織中的KPI中，哪些與自己的工作內容有相關？

二、試著描述，自己在這一季或半年的工作目標？

三、在執行工作目標的過程中，如有困難或障礙，該如何克服？

CHAPTER **❽ 策略規劃與擬定**

「願景」＋「策略」＋「關鍵績效指標KPI」＋「績效目標管理PDCA」＝「突破性的經營管理」

~石博仁

本章的管理職能發展，依序分為學習、運用、指導與卓越四大階段。

職能階段	階段說明
Level 1. 學習階段	認同組織的經營策略，瞭解自己工作與組織策略的關聯所在。
Level 2. 運用階段	詮釋策略與各層面工作的因果關係，展開績效目標，具體落實執行。
Level 3. 指導階段	建構策略性主題，有效地連結與整合組織，轉化為成員的行動挑戰。
Level 4. 卓越階段	發展策略創新的優勢，改變原來產業價值法則，重塑新的競爭模式。

■ 推動未來的願景，須靠行動共識；策略的成功關鍵，全賴貫徹執行。
■ 事業單位的營運不是僅有一個人作決策，而是一群人參與策略規劃，調整到同一個方向，但一定要有共識才行。「所有參與策略規劃的人，要能夠充分討論而有所承諾，才會有行動共識以及貫徹執行力。」因此，沒有最好的經營策略，只有最有共識、最可行的經營策略。
■「一群人參與策略規劃」＋「一群人貫徹執行力」＝「群策群力」

高瞻遠矚經營理念

　　企業在制定策略之前，必須先釐清與確定經營理念為何，也就是使命（mission）、願景（vision）以及價值觀（core value）（如**表8-1**）。

表8-1　經營理念

經營理念	特性	主要意義
使命（mission）	生命的湧泉	企業存在的理由與目的。
願景（vision）	實踐的力量	企業願力追求達到的景象（境界）。
價值觀（core value）	意識的導引	企業文化的核心價值，達成願景、目標所依據的價值認定與行為準則。

一、使命

「使命」是一種企業生命的湧泉，主要的意義為企業存在的理由與目的。

1920年代，AT&T的創辦人提出：「要讓美國的每個家庭和每間辦公室，都安裝上電話」。1980年代，微軟的創辦人比爾蓋茲也提出：「讓美國的每個家庭和每間辦公室桌上，都有一台PC」。直到今天AT&T和微軟，都基本上實現了他們的使命。

引以為傲的「台灣之光」宏達電（HTC）的使命，是要藉由提供附加價值的設計、世界級的製造，以及物流與服務的能力，使其在行動資訊和通訊裝置等方面站穩領導與創新的地位。宏達電自成立以來，以台灣為根基，在占公司總人數25%的強大研發團隊身上投入鉅資，致力於提升智慧型手機技術的成長，已經發展出堅強的研發能力，開創了許多全新的設計和產品的創新，並為全球電信產業的業者和經銷商，推出符合目前技術所及的智慧型手機。

太陽能電池大廠茂迪，本著「提升企業經濟規模、致力推廣潔淨能源、促進地球永續發展」的使命，致力於研發以及製造高品質的產品，包括測量儀器、太陽能電池及太陽能應用產品等。目前是台灣太陽能電池的龍頭，也是全球前十名的太陽能電池製造商，以生產容易操作及耐用的儀器而遠近馳名。

全球IC設計領導廠商聯發科技，本著「持續創新，提供最佳

的IC產品及服務,滿足人類潛在的娛樂、通訊及資訊需求」的使命,以及提升、豐富大眾生活的願景,積極朝世界第一邁進。

星巴克咖啡以「提供一種可以豐富人們每天精神昂揚、道德向上的生活體驗」的使命,著重於人文特質與品質堅持,強調尊重顧客與員工,並堅持採購全球最好的咖啡豆烘焙製作,提供消費者最佳的咖啡產品與最舒適愉悅的交誼場所。星巴克已成為當今全球精品咖啡的領導品牌,備受國際專家的推崇,被譽為「咖啡王國傳奇」。星巴克成為全球咖啡的龍頭,並在公司不斷成長的過程中,堅持一貫的經營原則,並以下列六項原則的「使命宣言」,來協助公司判斷各項決策的正確性。

1. 提供完善工作環境,創造互相尊重,互相信任的工作氣氛。
2. 將多樣化作為經營的重要原則。
3. 在咖啡產品購入、烘焙和保鮮運送過程中,採用最高的質量標準。
4. 隨時隨地用熱情的服務,使顧客滿意。
5. 積極回饋社區和環境。
6. 利潤的增長是公司不斷發展的動力和泉源。

世界級的德國拜耳集團更以「拜耳:科技優化生活」為使命宣言,將全力投入醫療保健、營養,以及高科技材料領域的創造、發明與發展;不僅如此,更強調協助集團事業群來建構未

來的願景，如屬研發型企業的拜耳，將致力於研發造福人群的創新產品，尤其是拜耳的「活性物質研究所」，所研發出來的新產品、消費者保健事業、亞洲市場的成長，以及生物科技與奈米科技等新領域，更是至為重要。

一家企業的使命大部分是和創辦人在開創時期的「起心動念」有很大的相關性，或者是企業在面臨轉型時而重新定位，否則企業使命是不會輕易更改或調整的。所以，在挖掘使命時（無論是企業或個人），除了要兼具經濟利益與造福人群外，可長可久的經營發展領域也是不可或缺的。

至於，筆者在「育群創企管顧問公司」創業起步時，也勾勒出提升組織綜效的企管顧問／講師使命，在教「育」訓練的領域，是需要大家「群」策「群」力共同來「創」造組織綜效。因此，一直秉持著實踐「簡易實用」、共創「經營管理綜效」的理念，致力於「育群創」成為提升組織綜效的象徵，並高標準地期許成為「績效顧問專家」。

二、願景

「願景」是一種企業實踐的力量，主要的意義為企業願力追求達到的景象（境界）。「願景」是指卓越高階主管人員塑造清晰的、可靠的且具競爭力力的未來境界，它代表所有績效目標努力的方向，能使組織更成功、更卓越。「願景」也包括組織3～5年的規劃與未來發展的景象，也是組織現況與未來景象之間的橋

梁，目的是在凝聚向心力，以及激發組織成員共同努力的方向。

全球晶圓代工龍頭台積電的願景，是要成為全球最先進及最大的專業積體電路技術及製造服務業者，並與無晶圓廠設計公司及整合元件製造商的客戶群，共同組成半導體產業中堅強的競爭團隊。為了實現此一願景，台積電必須擁有以下「三位一體」的能力：

1. 是技術領導者，能與整合元件製造商中的佼佼者匹敵。
2. 是製造領導者。
3. 是最具聲譽、以服務為導向，以及客戶最大整體利益的提供者。

鴻海董事長郭台銘於2010年初，在公司內部刊物《鴻橋》上，說出埋在心裡已久的一段話：「我在中國有一個夢，那就是讓每一個中國人，哪怕是最偏遠地區的農民同胞，都用得起最新鮮、最時尚、最健康、最便宜的科技產品。這個夢想正在加速變為現實，而為這個夢想插上翅膀的，就是『萬馬奔騰計劃』。」鴻海集團預計應徵萬名以上「懂技術、善管理、敢創業」的資深員工，前進中國三、四級城市開闢數位科技商品的專賣店。而當這些下游的通路管道都建立之後，將整合成一萬家實體店舖，一起籌劃上市公開發行，使得這些店長們都持有上市公司的股份，為這近萬名的員工塑造「萬馬奔騰」的願景。或許這也是郭董所說的，如果是一隻老虎，有了翅膀後，將成為「飛天虎」。

近一步的分析郭董的一貫思維，「策略」＝「方向」＋「時機」＋「程度」。而實現「萬馬奔騰」願景的策略規劃就是「萬馬奔騰、群英拓疆」，方向是「家電下鄉、人才回鄉」，時機是「內需勃興、通路為王」，程度是「整合上市、富士則康」。

　　在宏碁電腦授課的經驗中，也深入探討發覺，宏碁於2004年為全球PC第四大品牌大廠，當時宏碁發下願景要在「2008年成為全球PC第三大品牌」，卻在2007年底就已提前達陣了，進而另塑造願景要在「2012年成為全球PC第一大品牌」，如今宏碁的市占率僅次於HP，離全球PC第一大品牌亦不遠了。在此之際，宏碁於2010年5月在中國北京舉辦的全球新產品發表會中，以「Source Home」為主題，發表了「Acer Clear.fi」，展現全球首創軟硬體結合個人移動世界的創新應用，也正式宣告由3C跨入4C（數位內容）的領域；以及與大陸方正科技組成「策略聯盟」，來擴張中國市場版圖，強烈地表態在2012年搶下全球PC第一品牌的企圖心。

　　過去企業都會談十年或二十年願景，但畢竟現在的產業變動過於劇烈，以及產品生命周期過短，願景如果超過十年以上就較難具體描述，原則上以3~5年的願景較為具體可行，如同宏碁對於願景的塑造，就是個標竿的典範，值得我們學習。

三、價值觀

　　「價值觀」是一種企業意識的導引，主要的意義為企業文化的核心價值，達成願景、目標所依據的價值認定與行為準則。

　　IC設計龍頭廠商聯發科技「以人為本」的信念是他們成長的動力，期許每位優秀的聯發科技人：在價值觀上必須具備「信任尊重」、「誠信正直」；面對工作必須具備勇氣接受挑戰，且面對問題的解決也須深思慎謀；在職涯的過程中，能不間斷的「持續學習」，隨時追求創新思維；而「團隊合作」更是不可或缺的聯發精神，並且提供了全球化的舞台，協助每位聯發人發揮專長與潛能，與團隊共同學習與成長，將其個人的理想凝聚為人類生活的創新，使個人的優越，化為成就團隊使命的力量。

　　全球晶圓代工龍頭台積電在價值觀建立的與政策的宣導，並付諸員工教育訓練更是不遺餘力。因為張忠謀深知，價值觀的對與錯，將是深遠地影響台積電的企業文化與員工的行為準則。有關台積電的價值觀，分述如下：

1. **誠信正直**：這是我們最基本也是最重要的理念。我們說真話；我們不誇張、不作秀；對客戶我們不輕易承諾，一旦做出承諾，必定不計代價，全力以赴；對同業我們在合法範圍內全力競爭，我們也尊重同業的智慧財產權；對供應商我們以客觀、清廉、公正的態度進行挑選及合作。在公

司內部，我們絕不容許貪污；不容許有派系；也不容許「公司政治」。我們用人的首要條件是品格與才能，絕不是「關係」。

2. **承諾**：台積公司堅守對客戶、供應商、員工、股東及社會的承諾。所有這些權益關係人對台積公司的成功都相當重要，台積公司會盡力照顧所有權益關係人的權益。同樣地，我們也希望所有權益關係人能對台積公司信守承諾。

3. **創新**：創新是我們的成長的泉源。我們追求的是全面，涵蓋策略、行銷、管理、技術、製造等各方面的創新。創新不僅僅是有新的想法，還需要執行力，做出改變，否則只是空想，沒有益處。

4. **客戶夥伴關係**：客戶是我們的夥伴，因此我們優先考慮客戶的需求。我們視客戶的競爭力為台積公司的競爭力，而客戶的成功也是台積公司的成功。我們努力與客戶建立深遠的夥伴關係，並成為客戶信賴且賴以成功的長期重要夥伴。

太陽能電池大廠茂迪，也有自己堅定的價值觀，闡述如下：

1. **熱忱服務**：我們全心全意服務為先，以友善的態度與正向的思考鼓舞工作夥伴、帶動工作氣氛；以堅定的信念與全心的投入，積極面對困難、勇敢接受挑戰，讓客戶與工作夥伴滿意，並且以同樣的精神平衡工作與生活。

2. **專業創新**：創新包含新的方向與行動。我們追求全方位的創新，用專業的知識激發新的想法；用具創造力的方法，解決工作上的問題，創造機會。

3. **追求卓越**：我們無論在什麼職位、做什麼事，都追求最高標準，並隨時檢視自我、持續改善。

4. **團隊合作**：我們透過有效的溝通協調，藉由團隊合作的力量，達到優勢互補的效果。我們在決策前，會徵求意見、鼓勵參與、分享見解，一旦作成決定，必定團結一致，全力以赴。

5. **誠信正直**：一向是茂迪引以為傲的形象。我們信守承諾，正直行事，不欺騙、不矇蔽。我們堅持高度職業道德，品格與才能是茂迪用人的標準。

佳評如潮的《基業長青》一書中，寫道：「能長久享受成功的公司，一定擁有能夠不斷地適應世界變化的核心價值觀和經營實務。」這也是包括了惠普、寶鹼、索尼、默克製藥和強生等企業，能夠基業長青的成功要素。價值觀是企業本質和永恆的行為指導原則，通常稱為核心價值觀。所謂核心，就是指最重要的關鍵理念，數量不會太多，通常是3~5項為原則。

機會威脅外部環境 ————

先來分析外部環境「有沒有搞頭」，再來分析內部環境「有沒有賺頭」。

一、PEST分析

企業外部環境分析常用的是PEST分析，而PEST就是：P為政治（political）、E為經濟（economic）、S為社會（social）、T為技術（technological）的縮寫，分述如下：

1. **政治法律環境**：包括國家的政治風險、立法制度、稅務政策、權力運作、頒布法令的政策方向、執政黨和在野黨的形勢等因素。而法律環境，包括了國家制定的憲法、法律、法規、解釋令，以及執法單位等因素。政治和法律環境是保障企業經營活動最基本的條件之一。

2. **經濟環境**：是指構成企業生存、社會經濟發展，以及國家經濟政策等因素。一般而言，衡量經濟環境的指標有國內生產總值（GDP）、國民生產總值（GNP）、工業生產指數（IPI）、消費者物價指數（CPI）、消費者信心指數（CCI）、採購經理人指數（PMI）、散裝航運運價指數（BDI)、新屋開工率、失業率、國際收支狀況、進出口貿

易額，以及利率、匯率、貨幣供給、通貨膨脹、政府支出等國家貨幣和財經政策等。經濟環境對企業經營更為直接具體利多或利空的影響。

3. **社會文化環境**：是指該企業所營運的區域範圍，包括人口結構、地理分布、薪資水準、教育程度、社會結構、民俗風情、時尚輿論、家庭收入、宗教信仰、文化傳統、環保意識、生態平衡、行為規範與生活方式等因素。這些因素關係到企業投資方向，以及商品的創新與改進等。

4. **技術環境**：是指企業所處的環境中直接影響的科技要素，包括國家科技政策、產品技術、製程或流程技術、管理技術、替代品技術，以及科技發展趨勢等。這些因素影響到企業能否及時因應新的科技變化，尤其是替代品的技術革新，是企業生存發展的隱形殺手，特別需要關注它的動向。

筆者根據上述各項檢視2010年外部環境，分析如**表8-2**、**表8-3**及**表8-4**之重點，以提供讀者參考。

表8-2　外部環境機會利多	
因素	機會利多
政治 經濟	台灣近兩年的外部環境具有充沛的國外熱錢、國內資金、國際投資環境評比屢創佳績等優勢，以及陸續推出吸引外商投資的重大政策，包括桃園機場與松山機場的改建，促進了兩岸對飛直航，華航與長榮航開創了重大商機、開放大陸觀光客來台也助長了內需觀光旅館產業、調降遺贈稅至10%造成資金回留台灣，帶動了不動產業與金融証券、開放陸資來台投資點燃了商辦投資報酬、營所稅的優惠由25%調降到17%，更增添了投資動能，再加上ECFA簽署後，台灣已成為全球投資的新亮點。

表8-3	外部環境威脅利空
因素	威脅利空
經濟 社會 技術	美國影片出租龍頭百視達自2008年至2010年8月期間，已累積了近11億美元的債務（約352億元新台幣），百視達希望藉由破產保護法的庇護，進行重整近10億美元的債務，並可以提早解除租約並關閉約500家營運不善的店鋪。縱使百視達在全美的門市多達3425家，卻敗給了新科技的革新模式。除了網路下載的替代品外，尚須面對競爭對手網路租片龍頭Netflix的選擇多元性，又有省去還片的麻煩，只要把DVD放進郵筒就能還；以及販賣機租片龍頭Redbox在超市、藥房都有的自動販賣機，有的熱門新片的租金只要1美金（約32元台幣）。 即使頂著龍頭光環的百視達，仍不敵網路盜版猖獗，以及觀看電影和影視節目的習慣改變，營收狀況一路走下坡，在不堪長期的虧損營運下，光是去年百視達全球就關閉近一千家門市，預計再關閉美國500到800家營運不佳的門市，這也象徵紅極一時的DVD出租業者，因為社會文化的改變與科技網路的革新，迫使即將走入歷史。

表8-4	威脅利空轉為機會利多
因素	威脅利空轉為機會利多（化危機為轉機）
政治 經濟 社會	在2010年6月的富士康連續發生員工跳樓事件以及員工加薪潮之下，造成了不少的衝擊，在廣東深圳有近45萬名的員工，如果按照調漲工資由原本的900元人民幣調升至2,000元人民幣，再加上其他調漲的人事費用來計算的話，一年可能就要多花上將近40億的人民幣（大約是新台幣200億）。這麼一來，人事成本的負擔就更加沉重了，儘管是世界大廠的富士康也很難承受如此威脅，所以富士康準備把生產線、從沿海邊往內地（四川、河南、湖北等地）。不過，也因為這樣，過去在沿海的投資優惠、就沒有了。因此，外部環境的稅務政策、法律規章、勞動人口結構以及薪資水準等，相對於富士康造成不少的威脅。但這次的大舉內遷，將低了不少人事成本、強化員工住宿管理，以及供應鏈的垂直整合等，或許能將威脅的利空轉換成機會的利多。

二、五力分析

　　一個企業的競爭環境，可由現有同業競爭者、潛在競爭者、替代品、客戶購買者、供應商等，五種作用力來共同決定。「五力分析」的架構，塑造出一個策略分析的思維框架，提供企業分析所處的外部環境，進一步選擇正確的策略方向。在《競爭策略》一書中，麥可‧波特（Michael Porter）整合了產業結構分析、競爭者分析和產業演化分析等三個關鍵領域，構成了一個完整的產業競爭分析模式。筆者引用麥可‧波特（Michael Porter）的「五力分析」，繪製如**圖8-1**及製表如**表8-5**，提供參考。

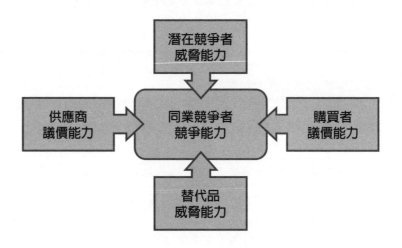

圖8-1　產業五力分析架構圖

表8-5　五力決定影響因素

五力	決定影響因素
1. 供應商的議價能力	總貨額對供應商的重要性、成本與總數量之比較、進貨特異性、供應商的轉換成本、進貨替代性、供應商集中度、向前整合之威脅性等。
2. 購買者的議價能力	客戶的訂購數量、價格與總貨額之比較、客戶集中度、客戶利益、向後整合能力等。
3. 潛在競爭者的威脅能力	經濟規模、政府政策、特有產品差異化、資金條件、行銷管道、成本優勢、功能性、選擇性、品牌、進入障礙等。
4. 替代品的威脅能力	相對價格替代效果、替代品的功能程度、客戶對替代品之喜好程度等。
5. 同業競爭者競爭能力	產業成長、競爭者多角化程度、產品差異性、集中度、退出障礙等。

　　波特的五力分析主要是分析產業結構、決定產業的機會與威脅能力。產業若具有機會的吸引力，就會有以下的五個特徵；反之，則產業就不具吸引力。

1. 供應商多且議價能力低。

2. 購買者多且議價能力低。

3. 新進入者的威脅少，且進入障礙高。

4. 替代品少。

5. 競爭者少且產業成長快速。

接下來用五力分析來探討對7-11的影響（如**表8-6**）。

表8-6 7-11的五力決定影響因素

五力	決定影響因素
1. 供應商的議價能力	供應商要來拜託寄賣，而且還要付上架費與運費。
2. 購買者的議價能力	顧客不能殺價，而且還現金交易、使用Icash卡或悠遊卡。
3. 潛在競爭者的威脅能力	(1) 電視購物與網路購物、生鮮超市。 (2) 進入門檻高。
4. 替代品的威脅能力	目前尚無。
5. 同業競爭者競爭能力	(1) 產業成長趨緩。 (2) 競爭者集中度高。

三、BCG矩陣

　　BCG矩陣是波士頓顧問群Boston Consulting Group的縮寫，是1970年由BCG公司所提出的矩陣方法，主要目的是協助企業評估與分析其現有產品線（事業群），並利用企業現有資源以進行產品（事業群）的有效開發與配置。BCG矩陣橫軸為相對市場占有率（所謂的相對即是相對於現有競爭對手），縱軸為市場成長率，分成四個象限，其中即可區分為四種不同類型的產品，分別為問號（question marks）、明星（stars）、金牛（cash cows）與狗（dogs）。筆者引用波士頓顧問群的模式繪製成BCG矩陣（如**圖8-2**、**圖8-3**）。

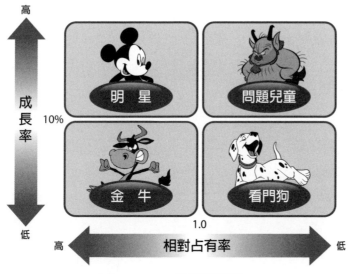

圖8-2　BCG矩陣架構圖

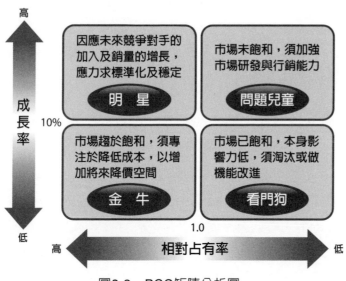

圖8-3　BCG矩陣分析圖

若以產業競爭分析來看BCG矩陣，縱軸為整體產業供需的總體分析（其實就是PEST分析），橫軸為企業與競爭者之間比較的個體分析（其實就是五力分析）。回到BCG矩陣分析本身，主要是運用於企業產品（事業群）布局與規劃，其目的是將資源（通常是現金）進行有效地開發與配置。

　　根據BCG矩陣原理，卓越主管人員常用的策略思考模式如下：

1. 投入大量的資源，將問題兒童的產品提升其競爭優勢，使其成為明星級的產品。
2. 投入資源（相對少量），並保持明星級產品的競爭優勢，以確保較高市占率。
3. 抓住金牛級的產品，並儘量地擠出資源（尤其是現金）。
4. 逐漸放棄或是賣出看門狗產品。

四、關鍵成功因素

　　關鍵成功因素（Key Success Factor，簡稱KSF）最早出現在Daniel D. Ronald（1961）所發表的〈管理資訊危機〉（Management Information Crisis）一文中，係指探討產業特性的致勝要件，在企業營運的過程中，1~3項關鍵因素對於企業營運具有相當正面的影響效果，並可提升優勢的競爭能力。

表8-7　產業別KSF	
產業別	KSF
1. 食品業	產品開發、行銷通路
2. 石化業	原料取得、接近市場
3. 量販店業	降低成本、購物樂趣
4. 觀光旅館業	環境氣氛、企業形象

　　以大潤發及家樂福的例子來看，同是量販店產業，且以大量進貨的方式，並取得與供應商議價的優勢，大幅降低每樣商品的進貨成本，「以量制價」的低成本是在量販店產業主要的競爭力，也是關鍵成功因素之一。其他產業別的KSF，可用**表8-7**來闡述說明。

五、產品生命週期

　　生命週期理論是美國哈佛大學教授雷蒙德‧弗農（Raymond Vernon），1966年在其〈產品週期中的國際投資與國際貿易〉一文中首次提出的。產品生命週期（product life cycle，簡稱PLC）是產品在市場上的壽命，也就是指產品從開始進入市場，然後到被市場淘汰的整個過程。一般可以分成為導入期、成長期、成熟期和衰退期等四個階段，筆者引用雷蒙德‧弗農的產品生命週期模式，繪製如**圖8-4**來說明。

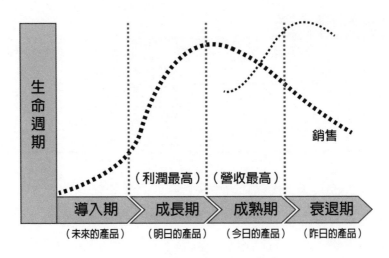

圖8-4 產品生命週期銷售曲線

1. **第一階段－導入期**：新產品從開發、設計、試產到進入市場的測試階段。這階段的產品種類少，顧客對產品還很陌生，除少數好奇嚐鮮的顧客外，幾乎無人有勇氣購買該產品。由於採購、技術與製程方面的限制，產品的製造批量較小，單位生產成本較高，必須投入營銷費用，銷售量甚為有限，對事業單位而言，通常很難獲利，反而出現虧損的狀況，如果無法順利進入下一階段的成長期，很有可能產品在這一階段就胎死腹中了。

2. **第二階段－成長期**：當產品進入成長期時，營業額逐漸放量之後，購買者逐漸接受該產品，產品在市場上穩固利基點，並且打開了行銷銷路，顧客需求和銷售量均能迅速上升。在此階段，競爭者看到有利可圖，將紛紛進入市場分一杯羹，促使同類似的產品供給量逐漸上升，價格也受競

爭者的切入而下降，事業單位利潤的增長速度逐步放慢，相對地，利潤也在生命週期達到最高點。

3. **第三階段－成熟期**：產品進入成熟期時，隨著購買產品的人數增多，市場需求將趨於飽和，以及競爭態勢更加激烈。市場會出現「削價競爭」的現象，企業將採取橫向購併、垂直整合或以量制價的策略，以力求保有利潤。在此之時，企業應有警覺此產品即將步入衰退，當務之急應在研發另一產品，再創另一產品的生命週期。

4. **第四階段－衰退期**：隨著科技的更新、消費者使用習慣的改變或替代品的出現，使得市場上已經有其它功能更好、價格更低廉的新產品，足以滿足消費者的需求。在此階段，產品的銷售量和利潤均持續下滑，無法降低成本的事業單位由於無利可圖而退出市場，該類產品的生命週期也陸續結束，甚至在市場上消失。

在產品生命週期的不同階段中，營業額、利潤、顧客、競爭者等都有不同的策略思考方向，這些特徵用**表8-8**來說明。

表8-8　產品生命週期的策略思考方向

產品生命周期		營業額	利潤	顧客	競爭者
1. 導入期		較低	虧損或很低	好奇嚐鮮者	很少
2. 成長期		快速成長	成長趨勢	好奇跟進者	逐漸進入
3. 成熟期	前段	繼續成長	利潤最大	一般大眾	愈來愈多
	後段	有衰退趨勢	衰退趨勢	一般大眾	最多
4. 衰退期		衰退	很低或虧損	後進追隨者	逐漸退出

優勢劣勢內部環境

　　內部環境分析主要是企業察覺外部環境的機會與威脅之後，應運用企業內部有形與無形的資產，以利厚植核心能力，在適當時機進入多元市場，通往永續經營發展，以保企業常青與永續發展。

一、企業內部的有形資產

　　有形資產的多寡一般可以從財務報表上查得到，但考慮到某項有形資產的策略價值時，不僅要看到它的數量，而且要評價其產生競爭優勢的潛力。

1. **流動資金**：借貸能力與內部資金，包括現金流量、有價證券、有價債券、應收帳款、應收票據、應收債權、短期投資、長期投資等。
2. **固定資產**：廠房設施、機器設備、辦公室行政設施、地點地段與土地資產等，包括商品、原物料、在製品、半成品、製成品、副產品、下腳品等。

二、企業內部無形資產

在知識經濟時代中，無形資產逐漸成為企業價值的重要成分。但仍有很多企業只重視有形資產而不關心無形資產，殊不知許多無形資產是創造企業價值的核心關鍵。就無形資產的內容，分別說明如下：

1. **人力資本**：各單位人員的專業知識、技巧與態度等，有的企業稱為專業職能。
2. **資訊資本**：資訊系統、資訊庫與網路等資訊科技的連結與整合。
3. **組織資本**：關係到企業內部的文化、領導、整合、團隊等要素，影響了策略性夥伴在組織變革中的時間轉換能力，以及對應顧客的回應速度能力，有的企業稱為管理職能。
4. **智慧財產**：商標權、專利權、著作權、營業權、營業秘密、事業名稱、品牌名稱、設計或模型，或有關各種特許權利、客戶資料、供應商關係、行銷網路等。
5. **品牌**：「品牌」並不與「商標」畫上等號；「品牌」指的是有形的產品或無形的服務的信任象徵；而「商標」是指圖畫式的識別標記。品牌所涵蓋的領域較廣，包括產品、商譽、企業文化，以及整體營運的經營管理。品牌的價值是一種經過長時間累積的商譽與信任，在無形資產的評價是價最高的。

華通明略（Millward Brown Optimor）於2010年4月27日公布了「BrandZ全球品牌Top 100」（簡稱Brand Z品牌一百強）的排行榜，經研究顯示，企業經歷2009年的經濟不景氣，在2010年景氣復甦之際，在百強的排名上企業，保有從經濟衰退中迅速應變與恢復的能力。

另外在這五年的期間，標準普爾500指數下降11.5%，相較之下，反而BrandZ品牌一百強公司的投資組合增加了18.5%價值。是否你也發現到，品牌具有對抗景氣低迷的體質，以及創造景氣復甦的市場價值。

三、核心能力

核心能力（core competence）是可以造就企業獨一無二的營運模式，發展新事業單位的源頭活水，更能夠維持差異化的競爭優勢，因此，核心能力為卓越主管人員策略規劃的關注焦點。核心能力是在1990年由兩位管理科學家漢默與普哈拉（G. Hamel & CK. Prahalad），在《哈佛商業評論》發表〈企業核心能力〉一文中提出的，有的企業也稱為「核心競爭力」。

一家企業所擁有的核心能力，必須檢視以下幾項的考驗，才有辦法轉換成持久競爭優勢的來源。首先，它能替顧客創造差異化的價值；其次，它是很難被競爭者模仿或被替代；第三，它必須是難以複製的能力或資源；第四，它能進入多元化的市場需求。

策略規劃、彈性應變和團隊領導等，這些廣義的管理能力尚不能算核心能力；品牌、專利、產品和技術等，也都不能算核心能力；品質良率、稼動率、客戶滿意度等，更談不上是核心能力了。根據上述定義，核心能力包括了以下三個要素：

1. 是否能持續替顧客創造差異化的價值？
　　核心能力應使終端產品顧客很明顯感覺獲利。
2. 是否競爭者難以模仿？（進入門檻高）
　　核心能力是某一項科技與生產技術的複雜綜合體，不易被別人模仿或替代。
3. 是否能進入多元的市場？
　　核心能力必須讓公司具備進軍廣泛多元市場的潛力。

　　根據拓璞產業研究統計顯示，2010年全球約銷售13.3億支手機，約2.5億支智慧型手機，占比為19%；2011年全球約14.5億支手機銷量、智慧型手機可達4億支，占比提升為28%。預估至2015年全球銷售17.6億支手機、智慧型手機超過50%，可高達8.8億支水準。因此，宏碁電腦掌握了行動通訊趨勢，積極跨入智慧型手機領域的機會，主要是選對手機平台Android系統，以及與電信通路商建立良好的合作關係，充分瞭解消費者真正需求等「Acer品牌行銷」核心能力，加上掌握面板、記憶體（雙D）等重要上游關鍵零組件等「採購綜效」核心能力。即使宏碁在智慧型手機起步較晚，但著重核心能力的縱效發揮，將使宏碁可以在平實中創造

不平凡的優勢競爭；預計宏碁在2010年全球智慧型手機銷售量可逾200萬支，2011年也可大幅成長至500至600萬支水準。

　　由於台積電擁有不少的半導體製程專利，這些專利的「製程調整」核心能力也可以運用到綠能產業中，台積電於2009年12月正式宣布入股太陽能產業龍頭茂迪二成股權，快速地縮短了進入太陽能產業的學習曲線。再者，台積電取得的是折價42％的茂迪股份，雖然三年內無法處分；回顧近兩年茂迪的股價，80幾元已接近最低水平，讓台積電此項投資立於不敗之地。此外，台積電在量化製程和改善良率、營運管理以及國際布局等經驗，對茂迪的經營管理絕對有加分的效益。

　　除此之外，沃爾瑪的物流管理能力、SONY的小型化能力、Honda的引擎研發能力、星巴克的創造愉悅環境能力等，都是經過很長時間所累積的核心能力（如**圖8-5**）。

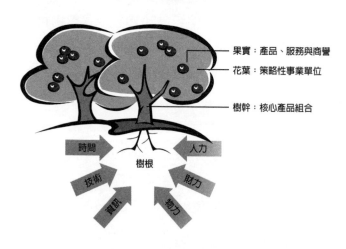

果實：產品、服務與商譽
花葉：策略性事業單位
樹幹：核心產品組合

時間　人力
樹根
技術　財力
資訊　物力

圖8-5　核心能力樹狀圖

擬定策略規劃

　　策略規劃（strategic business planning）是用來審視外部的環境與運用內部的資源，抉擇永續經營發展的成功撇步，以利達成企業的願景。它的好處在於：

1. **增益**：塑造競爭優勢、配置有效資源以及增加企業利益。
2. **減損**：戮力避開威脅、積極改善劣勢以及減少可能損失。

一、全球常用策略

　　筆者在每年10~12月期間，常受企業邀請協助擬定隔年度的策略規劃，在授課的過程中，時常發現企業對經營策略的認知混淆不清，以致於後續整合行動方案與KPI，甚感艱辛。因此，身為卓越的主管人員，不得不知什麼是經營策略？

　　經營策略是一種克敵致勝的成功撇步，它必須審視外部的環境（有沒有搞頭）與運用內部的環境（有沒有賺頭），並對於未來三年內抉擇1~3個重點營運方向，它也是一種時機與程度。

　　筆者所歸納出全球企業常用的十四種策略類型（如**表8-9**）。但策略的規劃並不局限這十四種類型，還可以有其他不同的類型，例如航空業的縮短地面迴旋策略、資訊服務業的整體解決方

案策略、PCB產業的縮短交期策略、PC產業的新經銷營運模式策略、便利商店的創造購物樂趣策略等等。

　　如果要挑選標竿企業，首推「鴻海」應不為過。鴻海科技集團（Foxconn）旗下多家企業在臺灣證券交易所、那斯達克（NASDAQ）、香港證券交易所或倫敦證券交易所掛牌上市。過去被形容「Foxconn」有狐狸（fox）般的靈活與速度，可能更貼近鴻海的營運象徵。最近鴻海集團連續的併購動作，基本上可分成兩種發揮綜效的策略，一是「強化供應鏈」，另一是「擴大出海口」。

　　2009年8月鴻海在四川擴展PC與NB的生產基地、在高雄設立軟體園區，以及群創購併奇美電成為新奇美等，從上游的面板到中游零組件，一直到下游的組裝等，建立了自給自足的上中下游，是屬於「強化供應鏈」的策略；另外，2009年2月與HP合資土耳其NB廠、9月購併SONY的墨西哥廠、11月購併Dell的波蘭基地，以及LCD TV由美洲直接進取歐洲市場等，則是「擴大出海口」的策略。

　　經營策略必須要「聚焦」在1~3個贏的關鍵，例如郭台銘曾說過：「鴻海賣的是速度、品質、服務、彈性、價格」，而關鍵在於「速度」，就猶如生魚片的供應「搶鮮」。在全球運籌上，郭台銘擬定「一地設計、三地生產、全球交貨」策略，鴻海透過亞、美、歐三個主要製造基地的佈局，快速提供產能的供給，滿足了客戶大訂單的即時需求。鴻海根據策略性客戶的需求，將工廠設在客戶旁，讓客戶擁有虛擬庫存，大幅減少了庫存壓力，又能快速地及時出貨。

表8-9 全球常用策略類型	
策略類型	定義說明
1. 市場滲透策略	係指對現有市場繼續深耕。
2. 市場發展策略	係指對新闢市場擴展開來。
3. 向上（向後）垂直整合策略	係指公司向上游零組件、原料來源。
4. 向下（向前）垂直整合策略	向下游通路零售業展開投入或經營。
5. 水平併購策略	係指與同業進行合併或收購，目的在於擴大生產或銷售的規模經濟，以提升競爭力。
6. 國際分工策略	基於降低製造成本、追求營收成長、形成規模經濟、就近服務顧客或國內市場已達成熟飽和等，公司擴張在全球各地區的產、銷、研據點。
7. 策略聯盟策略	包括合資或合作的各種方式，以尋求盟友互補性的資源雙方行成綜效、互利互榮。
8. 低成本策略	在差異化不易產生的情況下，以及一些產品已達成飽和期，或是供過於求的情況下，為提升價格競爭力，只有降低成本。
9. 差異化策略	差異化是最強的競爭力所在，因為差異化可以創造價格的差距，避免陷入殺價惡性競爭。
10. 多角化策略	在全球大景氣時，公司可以採用多角化事業，以擴張版圖；相關式的多角化比較容易成功，而不相關的多角化則不易成功。
11. 投資擴大策略	有些產業為了要達到規模經濟，或是技術與產品不斷的提升，以強化競爭力。
12. 產品發展策略	不斷的推出改革產品或創新產品，公司才能保持成長或領先。
13. 創新策略	聚焦於為顧客和公司創造價值的躍進，同時追求差異化與低成本，進而開啓無人競爭的市場空間。
14. 退縮精減策略	企業面臨經濟不景氣、產品處於衰退期、相對競爭力低或虧損時，精減規模或出售某事業單位。

另一個標竿企業為宏碁。2010年第二季宏碁在大陸筆電市占率仍為第5名，大陸方正則為第8名。方正在個人電腦銷售通路僅次於聯想，並且在有大陸240多個城市、100多家客戶服務中心、300餘家授權服務單位，以及服務工程師多達三千多名，在大陸4到6級城市、鄉鎮、商業與政府客戶等通路市場，相對也有明顯的優勢。因此，宏碁「國際咖」與大陸方正科技「地頭蛇」組成「策略聯盟」，宏碁將以「租」的形式依約每年將繳交1000萬美元的「服務費」給方正科技，企圖要利用方正十年來所耕耘的強大市場通路，在中國市場建立屬於宏碁自己的核心管道，並且快速獵取中國成長最快的電腦市場，這一波宏碁與方正的聯姻，勢必將對惠普、華碩以及戴爾在大陸市場的市占率造成大洗牌。

二、SWOT分析

　　一般企業策略的形成常見使用的管理工具為SWOT分析法，它的基本方法是肯恩·安德魯（Ken Andrew）發展出來的，也就是分析判斷外部環境的機會（opportunity）和威脅（threat），以及企業本身的優勢（strength）和劣勢（weakness），進而根據企業的外部環境和內部資源來確定發展策略。筆者引用肯恩·安德魯的SWOT分析法，整理出思考問題的方向，如**表8-10**。

表8-10　SWOT分析思考方向	
機會Opportunity	威脅Threat
1. 對產業有利多的政經事件？	1. 對企業有傷害的政經環境？
2. 市場上有什麼發展的機會？	2. 科技的變化或替代品是否傷害組織？
3. 可以提供什麼新產品或服務？	3. 是否趕不上顧客需求改變？
4. 可以吸引什麼新顧客？	4. 有什麼事件可能會威脅組織？
5. 有什麼適合的新商機？	
優勢·Strength	劣勢·Weakness
1. 擅長什麼？	1. 什麼做不來？
2. 資源或機制（制度）有何優勢？	2. 缺乏什麼技術、資金、人才、機制（制度）？
3. 能做什麼別人做不到？	3. 同行有什麼比我們好的？
4. 顧客為什麼而來？	4. 不能滿足何種顧客？
5. 最近一兩年因何成功？	

　　策略的形成並無一定的公式可依循，有時是絞盡腦汁的思索，有時是突如其來的奇想，甚至需要出奇致勝的創新，但為提供初學者有個模式可依循模仿，筆者依據外部環境的機會（opportunity）、威脅（threat），以及企業本身的優勢（strength）、劣勢（weakness）之間的矩陣分析，整理出**表8-11**，以利參考依循。

表8-11　SWOT矩陣策略模式

		優勢（Strength）		劣勢（Weakness）
機會 （Opportunity）	SO策略	內部優勢爭取外部機會	OW策略	改善內部劣勢進取外部機會
	常用策略	市場滲透策略、市場發展策略、全球策略、投資擴大策略、產品發展策略、差異化策略等	常用策略	垂直整合策略、策略聯盟策略、異業合作策略、差異化策略等
威脅 （Threat）	ST策略	利用內部優勢避開外部威脅	WT策略	減少外部威脅對內部劣勢的傷害
	常用策略	水平併購策略、多角化策略、低成本策略、退縮精簡策略、差異化策略等	常用策略	退縮精簡策略、差異化策略等

在發展出策略之後，就要接下來連結績效管理，你應該繼續開始追問，並完整回答以下幾個問題，才可達到效果（如**圖8-6**）。

1. 可行性行動方案為何？
2. 是否能使用平衡計分卡四大構面依序展開KPI？
3. KPI如何從部門展開至個人目標？
4. 個人目標的達成率計算公式如何認定？
5. 目標展開行動計畫與步驟？

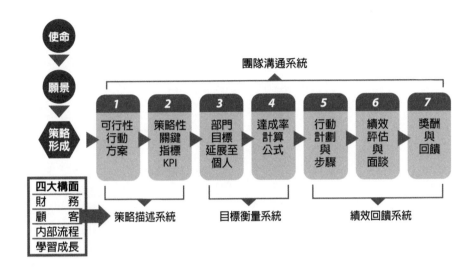

圖8-6　「策略管理」連結「績效管理」

6. 到了期末（半年或一年）績效如何評估計分？

7. 獎酬與回饋機制為何？

　　面臨激烈競爭的環境，在不是第一就是第二的成功方程式中，本書分別從經營理念、經營策略、KPI目標管理到行動計劃與步驟等，以全方位的策略與績效管理系統，引領主管人員培養管理職能的實務作法，來打造管理致勝DNA以及引發績效動能的最佳利器。

策略性的思考與執行

一、公司（事業單位）近一年來所面臨的，前三項外部機會為何？前三項外部威脅為何？

二、檢視公司（事業單位）的核心能力，1~3項為何？檢視自己（個人）的核心能力，1~3項為何？

三、回顧公司（事業單位）近五年來，曾經用過哪些策略（可參考**表8-9**）？未來1~3年可能運用哪些策略？

當你將本書閱讀到這裡，不禁要恭喜你所學的「管理職能」已經趨於完整，而且在「knowing」部分更是進階了，如要轉換成「doing」，內化成你自己的一套「管理職能」，惟有如實做到以下三點，就必能達成：第一要「練習」；第二也要「練習」；第三還是要「練習」。惟有在「做中覺、覺中做」的過程中，才能跨越「knowing」到「doing」的落差。

　　本書如能讓讀者在職場上的績效加值，以及企業在升沈的樞紐上加分，我將萬分榮幸！

～石博仁

感謝您的閱讀～歡迎專業交流～

E-mail:hr@ezdone.com.tw

hr.ezdone@msa.hinet.net

參考書目

林宜萱譯（2003），John H. Zenger & Joseph Folkman原著。《卓越領導：從優秀經理人晉升為卓越領導者的登峰之道》。台北：麥格羅‧希爾。

李曉婷譯（2007），Rodd Wagner & James Harter著。《剛剛好完美的管理》。台北：商智。

蓋登氏管理諮詢（2007）。《中階主管New Management Way管理訓練平台》。台北：蓋登氏管理諮詢。

張文隆（2006）。《當責》。台北：中國生產力中心。

藍美貞、姜佩秀譯（2001），Robert Eood & Tim Payne著。《職能招募與選才》。台北：商周。

江麗美譯（2001），David Walker著。《有效求才》。台北：智庫。

鄭瀛川（2006）。《人才甄選與面談技巧人才甄選與面談技巧：企業選才、識才必備指南》。台北：汎果國際。

丁志達（2008）。《招募管理》。台北：揚智。

李成嶽譯（2001），Katie Jones著。《有效時間管理》。台北：智庫。

Melody Mackenzie（1997）。《高效時間管理》。台北：商智。

李曉妃譯（2008），臼井由妃著。《3天搞定一周工作：東京女社長的超強時間管理法》。台北：世茂。

先鋒企管出版部編譯（2005），行本明說、日本時間管理普及協會著。《超說服力圖解時間管理60鐵則》。桃園：和昌。

呂宗昕（2008）。《時間管理黃金法則》。台北：商周。

呂宗昕（2009）。《效率決定競爭力》。台北：商周。

吳鏗煌譯（2008），箱田忠昭著。《早上3小時完成一天工作：60種超簡單時間管理技巧》。台北：春光。

歐博成編（2006）。《主管的會議管理手冊》。台北：憲業企管。

劉瑩慧譯（2004），齋藤孝著。《會議革命》。台北：商周。

吳雅婷譯（2008），Larry Dressler原著。《這樣開會最有效：迅速獲得共識的10大關鍵祕訣》。台北：麥格羅‧希爾。

卓越管理人翻譯小組譯（2002），Tim Hindle編著。《有效會議》。台北：台視。

劉鳳玉譯（2003），二木紘三著。《開會也有技巧：準備、進行到後續追蹤的完全掌握》。台北：博誌。

黎淑慧編（2007）。《演講與會議技巧》。台北：新文京。

李毓昭譯，Donna M. Genett著（2008）。《超有效授權術超有效授權術: 把事情做好,不必樣樣靠自己!》。台中：晨星。

羅若蘋譯（1999），Robert B. Nelson著。《有效授權策略》。台北：麥格·羅希爾。

陳必武編（2006）。《授權技巧》。台北：憲業企管。

李成嶽譯（2001），Chris Roebuck著。《有效授權》。台北：智庫。

汪仲譯（1990），Kennth Blanchard & Robert Lorber著。《一分鐘管理秘訣》。台北：天下。

吳麗真撰寫（2004）。《PSP問題分析與解決講師手冊》。台北：行政院農業委員會。

謝佳慧、林宜萱譯（2002），Ethan Rasiel & Paul Friga原著。《麥肯錫的專業思維：透析全球頂尖顧問公司的管理與問題解決技巧》。台北：麥格羅·希爾。

戴國良（2004）。《問題解決完全攻略：如何提升您的決策能力》。台北：中國生產力中心。

鄧東濱編（1996）。《問題與回應問題與回應:管理個案解析》。台北：長河。

褚先忠譯（1996），今井繁之著。《解決問題的技術》。台北：建宏。

楊平吉（2000）。《問題解決型QC Story》。台北：中衛發展中心。

中衛發展中心編（1996），狩野紀昭原著。《課題達成型QC Story》。台北：中衛發展中心。

陳正芬譯（2004），John G. Miller著。《QBQ！問題背後的問題》。台北：遠流。

吳鴻譯（2006），John G. Miller著。《QBQ的五項修煉》。遠流。

林美智譯（2010），谷原誠著。《問對了，才能解決問題》。台北：春光。

伍學經、顏斯華譯（1991），查理斯·凱普納、班傑明·崔果著。《新版問題分析與決策：經理人KT式理性思考法》。台北：中國生產力中心。

陳耀茂（2005）。《圖式問題解決法》。台北：中衛發展中心。

陳青翻譯（2003），實踐經營研究會著。《現場管理七工具》。台北：中衛發展中心。

柳俊帆譯（2007），西村克己著。《邏輯思考法邏輯思考法圖解》。台北：商周。

博碩文化編譯（2009），竹島慎一郎著。《創意×企劃×簡報：以五頁式企劃簡報提升創意的說服力》。台北：博碩。

袁世珮譯（2003），Morey Stettner原著。《經理人問題解決：立即上手經理人問題解決技巧立即上手》。台北：麥格羅·希爾。

侯喬騰（2009）。《教你如何搞定人教你如何搞定人【職場高手篇】》。台北：日月知識。

成君憶（2008）。《孫悟空是個好員工：從「西遊記」看現代職場求生錄》。台北：臉譜。

李成嶽譯（2001），Enny Rogers著。《有效影響技巧》。台北：智庫。

鄭瀛川（2005）。《績效管理練兵術：企業主管績效評估萬用手冊》。台北：汎亞人力資源。

侯詠馨譯（2008），木村佳世子著。《圖解NLP潛能激發：職場專用》。台北：世茂。

侯詠馨譯（2008），木村佳世子著。《圖解NLP深層溝通：職場專用》。台北：世茂。

李成嶽譯（2001），Chris Roebuck著。《有效領導》。台北：智庫。

阮貞樺譯（2009），肯‧布蘭查著。《一分鐘激勵：洞察影響力的特質》。台中：晨星。

戴至中譯（2007），Adrian Gostick & Chester Elton著。《胡蘿蔔比棍子好用》。台北：時報。

陳美瑛譯（2008），森時彥、引導者的工具研究會著。《引導者的工具箱：帶動會議、小組、讀書會，不怯場更不冷場！》。台北：先覺。

石向前（2009）。《大激勵：中小企業主管五天速成激勵法》。台北：老樹創意。

徐婉萍譯（2005），戶田昭直著。《當個職場好教練：培育部屬的35個指導原則》。台北：博誌。

OJT研究小組譯（2007），土井正己著。《職場的教導與領導：OJT實施方法》。桃園：和昌。

張越宏編（1993）。《如何激勵員工，留住人才》。台北：國家。

黃榮華、梁立邦（2005）。《人本教練模式：激發你的潛能與領導力》。台北：經濟新潮社。

洪清旺編（2006）。《提升領導力培訓遊戲》。台北：憲業企管。

張曉明編（2006）。《領導人才培訓遊戲》。台北：憲業企管。

凡禹（2005）。《彼得‧杜拉克的管理精華》。台北：海鴿。

謝綺蓉譯（1998），Richard Koch著。《80／20法則》。台北：大塊。

李湘平譯（2005），久恆啟一著。《圖解杜拉克管理精華》。台北：先覺。

費迪南‧佛尼斯（Fournies）（2000）。《績效！績效！：提升員工績效的16個管理秘訣》。台北：麥格羅‧希爾。

費迪南‧佛尼斯（Fournies）（2001）。《績效！績效！Part 2：強化員工競爭力的教導對談篇》。台北：麥格羅‧希爾。

李芳齡譯（2002），Peter F. Drucker著。《杜拉克：管理的使命》。台北：天下雜誌。

李田樹譯（2002），Peter F. Drucker著。《杜拉克：管理的責任》。台北：天下雜誌。

李芳齡、余美貞譯（2002），Peter F. Drucker著。《杜拉克：管理的實務》。台北：天下雜誌。

張秀梅譯（1999），串田武則著。《目標管理圖解快易通（革新版）》。台北：漢湘。

鍾雨欣譯（2005），串田武則著。《元氣の目標管理》。台北：高寶國際。

張秀梅譯（2004），串田武則著。《目標管理：圖解實用集》。台北：世界商業文庫。

李樂天編（2006）。《員工績效考核技巧》。台北：憲業企管。

ARC遠擎管理顧問公司策略績效事業部譯（2009），Robert S.Kaplan & David P.Norton著。《策略核心組織：以平衡計分卡有效執行企業策略》。台北：臉譜。

陳正平等譯（2004），Robert S.Kaplan & David P.Norton著。《策略地圖：串聯組織策略形成到徹底實施的動態管理工具》。台北：臉譜。

高子梅、何霖譯（2006）， Robert S. Kaplan & David P. Norton著。《策略校準：應用平衡計分卡創造組織最佳綜效》。台北：臉譜。

朱道凱譯（2008），Robert S. Kaplan & David P. Norton著。《平衡計分卡：化策略為行動的績效管理工具》。台北：臉譜。

高子梅譯（2005），Hubert K. Rampersad著。《總體績效計分卡（簡稱TPS）：個人組織平衡計分卡、品質與職能管理的結合與擴張》。台北：臉譜。

陳正沛譯（2004），Brian E. Becker, Mark a. Huselid & Dave Ulrich等著。《人力資源計分卡》。台北：臉譜。

劉孟華譯（2005），Jack J. Phillips, Timothy W. Bothell & G. Lynne Snead等著。《專案管理計分卡：評估專案管理解決方案的最佳策略工具》。台北：臉譜。

于泳泓、陳依蘋（2005）。《平衡計分卡完全教戰手冊平衡計分卡完全教戰守策：know how, know how to do, know how to do right！》。台北：梅霖。

吳淑姣譯（2005），Mohan Nair著。《活學活用平衡計分卡：從基本概念到實務應用，利用平衡計分卡開啟企業成功大門》。台北：梅霖。

張美誼譯（2006），Paul R. Niven著。《實戰平衡計分卡：提升企業競爭優勢》。台北：久石。

李茂興譯（2001），George Luffman等原著。《策略管理》。台北：弘智。

李毓昭譯（2007），中野明著。《麥可‧波特的競爭策略圖解》。台中：晨星。

柳俊帆譯（2007），西村克己著《經營戰略使用說明書》。台北：漫遊者。

管理職能實務——超過 1,500 場次輔導培訓實戰經驗

著　　者／石博仁
出 版 者／揚智文化事業股份有限公司
發 行 人／葉忠賢
總 編 輯／閻富萍
執　　編／宋宏錢
地　　址／新北市深坑區北深路三段 260 號 8 樓
電　　話／(02)8662-6826
傳　　真／(02)2664-7633
網　　址／http://www.ycrc.com.tw
 E-mail ／service@ycrc.com.tw
印　　刷／鼎易印刷事業股份有限公司
 I S B N ／978-957-818-985-0
初版二刷／2012 年 1 月
定　　價／新台幣 500 元

國家圖書館出版品預行編目資料

管理職能實務：超過 1,500 場次輔導培訓實戰
經驗 ／石博仁著. -- 初版. -- 新北市深坑
區：揚智文化, 2011.01
　　面；公分.
ISBN　978-957-818-985-0（精裝）

1.組織管理　2.職場成功法

494.2　　　　　　　　　　　　　　　99025850